二十一世纪普通高等教育人才培养“十三五”系列规划教材

适老化居住
空间设计

SHILAOHUA JUZHU

KONGJIAN SHEJI

谢鑫辉　李文波／主　编

曲瑞丹　杨　雪　邢鹏飞　李桃桃　阮金中／副主编

西南财经大学出版社

四川・成都

图书在版编目(CIP)数据

适老化居住空间设计/谢鑫辉,李文波主编.—成都:西南财经大学出版社,2020.5(2022.3重印)
ISBN 978-7-5504-4343-3

Ⅰ.①适… Ⅱ.①谢…②李… Ⅲ.①老年人住宅—居住环境—环境设计 Ⅳ.①TU-856

中国版本图书馆 CIP 数据核字(2020)第 012887 号

适老化居住空间设计

谢鑫辉 李文波 主编

曲瑞丹 杨雪 邢鹏飞 李桃桃 阮金中 副主编

责任编辑:植苗

封面设计:墨创文化

责任印制:朱曼丽

出版发行	西南财经大学出版社(四川省成都市光华村街55号)
网 址	http://cbs.swufe.edu.cn
电子邮件	bookcj@swufe.edu.cn
邮政编码	610074
电 话	028-87353785
照 排	四川胜翔数码印务设计有限公司
印 刷	郫县犀浦印刷厂
成品尺寸	185mm×260mm
印 张	10.25
字 数	208千字
版 次	2020年5月第1版
印 次	2022年3月第2次印刷
印 数	2001— 3000册
书 号	ISBN 978-7-5504-4343-3
定 价	38.00元

前言

QIANYAN

我国在20世纪90年代末就出现了人口结构老龄化的趋势，养老问题已经成为一个迫在眉睫的社会问题。随着经济的进步以及人们生活水平的不断提高，多元化的养老模式逐渐出现。然而，无论是居家养老还是社区养老，或者是离家进驻养老机构养老，人们对于适老化居住空间环境和设施的需求都是与日俱增的。因此，作为一名环境设计的从业者，编者认为，针对老年人居住环境的适老化空间设计将会具有非常广阔的行业前景，同时又具有极大的社会价值。适老化居住空间设计已经成为一个人文设计课题。

适老化居住空间设计是环境设计、室内设计等专业的拓展类核心课程。学习本课程的主要目的是希望学生通过系统化的知识理论和实践学习，在教师的指导之下完成对适老化居住空间设计的基本概念和相关特点、设计原则、设计方法等内容和技巧的学习，使学生掌握适老化居住空间设计的设计流程和设计实施过程，提高学生走上职业岗位的综合设计能力和实际工作能力。

适老化居住空间设计课程在专业教学体系中的定位如图0-1所示。

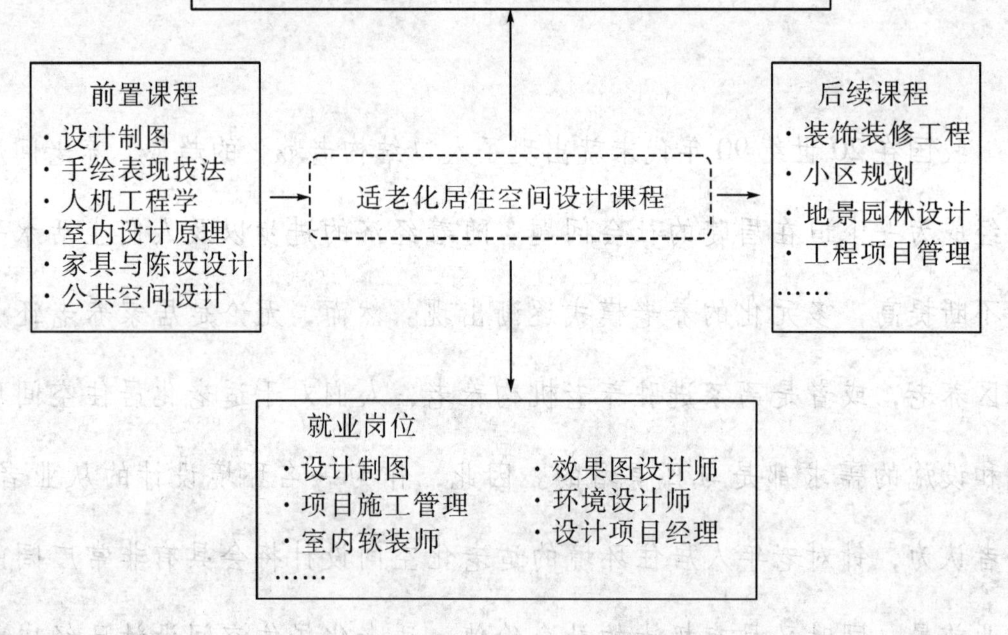

图 0-1　本课程在专业教学体系中的定位

本书以适老化居住空间设计作为研究对象，结合应用型环境设计人才培养方案，深入剖析老年人对于居住空间的设计需求，分别从适老化居住空间的特点和需求、适老化居住空间的无障碍设计、适老化居住空间的设计实施及局部设计等方面入手，对适老化居住空间进行设计。本书中提倡的教学形式为理论与实践高度统一的应用型课程教学，以职业化特色为目标，突破常规教材的内容编排形式，以实践教学为主导进行课程的设计。本书内容通俗易懂，图文并茂，辅以国内外优秀的适老化居住空间设计案例和实践项目，适合大专院校环境设计专业的师生作为专业教材使用，也可供从事室内外设计、环境设计等工作的人员作为辅助参考书使用。

本书共分为六章。第一章从基本概念入手，分析和阐述适老化居住空间设计的概念和意义，以及在我国面临的问题和发展趋势；第二章列举国内外适老化居住空间设计案例，根据实际情况进行分析对比，得出适老化居住空间设计的要点和国内外差异；第三章根据前文所述提出适老化居住空间设计的特点和需求；第四章讲解适老化居住空间设计的设计实施流程；第五章具体剖析适老化居住空间的各种局部设计方法和设计要点；第六章对本课程教学中的优秀学生实践项目进行赏析，从设计规划、功能配置、空间设计等方面提升读者的整体审美和设计分析能力。

综上所述，本书重点研究针对老年人居住空间和环境的适老化设计，包括居住空间总体平面布局、居住空间各组成部分细部处理、居住空间风格设计以及老年人日常生活与交际及其隐私保护等功能需求的关系梳理等问题。希望通过本书的出版，为适老化空间设计提出一种适合本国国情的设计操作规范，也为其他研究适老化居住空间的专家学者以及院校师生提供可供参考的设计思路。

编者

2020 年 3 月

目录

MULU

第一章　适老化居住空间设计概述

第一节　老龄化社会与适老化空间

一、老龄化社会的来临

老龄化问题是21世纪以来最重要的全球性问题之一，全世界各国都将进入老龄化社会。如表1-1所示，改革开放以来，我国的经济实力在21世纪得到了突飞猛进的发展，人民生活水平逐渐提高，医疗保障体系逐渐健全，大大地提高了我国的人均寿命，而一直以来实行的计划生育政策使得出生率持续下降，由此造成老龄人口所占总人口比例不断上升，我国的人口老龄化已经成为不容忽视的重大社会问题。预计在2020年，我国65周岁以上的老年人将突破2亿大关。而随着生育率的下降，预计到2050年，我国的老龄人口将会达到3.8亿人，届时全国老龄人口将占人口总数的1/4。

表1-1　各国老龄人口占总人口比例的到达年份及倍化年数①

序号	国家	65周岁以上老龄人口占总人口比例的到达年份及倍化年数						
		7%	10%	14%	20%	23%	7%～14%所经历年数	10%～20%所经历年数
1	中国	1999年	2015年	2026年	2036年	2050年	27年	21年
2	日本	1970年	1985年	1994年	2007年	2014年	24年	22年
3	澳大利亚	1940年	1985年	2015年	2034年	—	75年	49年
4	美国	1945年	1972年	2014年	2033年	—	69年	61年
5	瑞士	1935年	1959年	1982年	2020年	2027年	47年	61年
6	德国	1930年	1952年	1972年	2017年	2029年	42年	65年
7	瑞典	1890年	1950年	1972年	2016年	2038年	82年	66年

① 赵晓征．养老设施及老年居住建筑：国内外老年居住建筑导论［M］．北京：中国建筑工业出版社，2016.

表1-1(续)

序号	国家	65周岁以上老龄人口占总人口比例的到达年份及倍化年数						
		7%	10%	14%	20%	23%	7%～14%所经历年数	10%～20%所经历年数
8	挪威	1890年	1954年	1977年	2030年	—	87年	76年
9	英国	1930年	1950年	1976年	2028年	2039年	46年	78年
10	法国	1865年	1935年	1979年	2021年	2033年	114年	86年

到21世纪末，预计中国老年人的人口数量将一直保持在4亿左右，这就代表着我国届时将会有将近1/4的人口是老年人。在我国的国情下，老龄化社会的形成，主要有以下两个原因：

（1）由于中国经济的腾飞，人民生活条件和医疗水平得到了很大程度的提高，社会保障制度也不断完善，这些都使得人的寿命在不断延长。据世界卫生组织统计，2018年中国总体人均寿命已经达到76.1周岁，人口死亡率仅为7.13‰。

（2）由于20世纪70年代末我国实行了计划生育政策，20世纪70年代至90年代的家庭普遍都是独生子女家庭，而他们的子女如今也已经到了生育年龄，这就导致了我国出生率急速下滑的现象。国家统计局发布的人口数据显示，我国人口出生率已经从1980年的22.08‰滑落到2018年的12.43‰，远远低于世界平均值18.01‰。

从上述两个原因可以看出，由于急速降低的出生率与死亡率，我国的人口老龄化趋势在很长一段时间内将持续迅猛地发展。

因此，基于我国的这种特殊国情，随着老年人数量的持续增加，老年人对适老化居住空间的迫切需求也日益明显。作为环境设计师，就更需要去关注老年人的生活环境和居住空间设计，这既是对中华民族尊老爱老优良传统的继承和发扬，也是创造稳定社会、和谐社会的必然需求。

二、应对老龄化社会的适老化居住空间设计

随着老龄化社会的到来，产生了一系列的社会问题。2019年发布的《经济蓝皮书：2019年中国经济形势分析与预测》指出，随着老龄人口增加，国家人口抚养比大幅度上升，退休人员会持续增加，社会工作总人口数量将会大幅度减少，社会总生产力会因此下降，出生率低于死亡率，由此带来的老年人赡养和陪伴问题将会成为社会的不安定因素。由于生产力还没有得到彻底释放，我国尚属于发展中国家，还没有达到发达国家的人均收入和社会福利标准，老年康养产业也尚不完善，无法为老年人提

供足够的养老空间和设施，老龄化社会带来的社会问题会更加严重。面对这些问题，为老年人提供适老化居住空间设计势在必行。

现阶段，从宏观层面上来说，我国老年人的居住环境正面临严峻的形势。由于20世纪80年代实行的计划生育政策，使得多数家庭形成了典型的“4—2—1”家庭结构（如图1-1所示），即一组家庭中，夫妻双方的父母4人，夫妻双方2人，小孩1人。这样的家族结构，夫妻双方在照顾小孩之余还要赡养4位老年人，这很容易导致老年人被疏于照顾。随着城镇化的发展，更多的年轻夫妻选择了离开家乡、远离父母，去别的城市生活，这更是导致了大量空巢家庭的出现。2009年全国老龄工作委员会的资料显示，全国城市老年人空巢家庭比例已经达到了49.7%，这意味着有将近一半城市家庭的老年人处于独居状态，而如何对这些独居老年人进行看护照顾，对社会资源的分配来说将会形成极大的空缺。

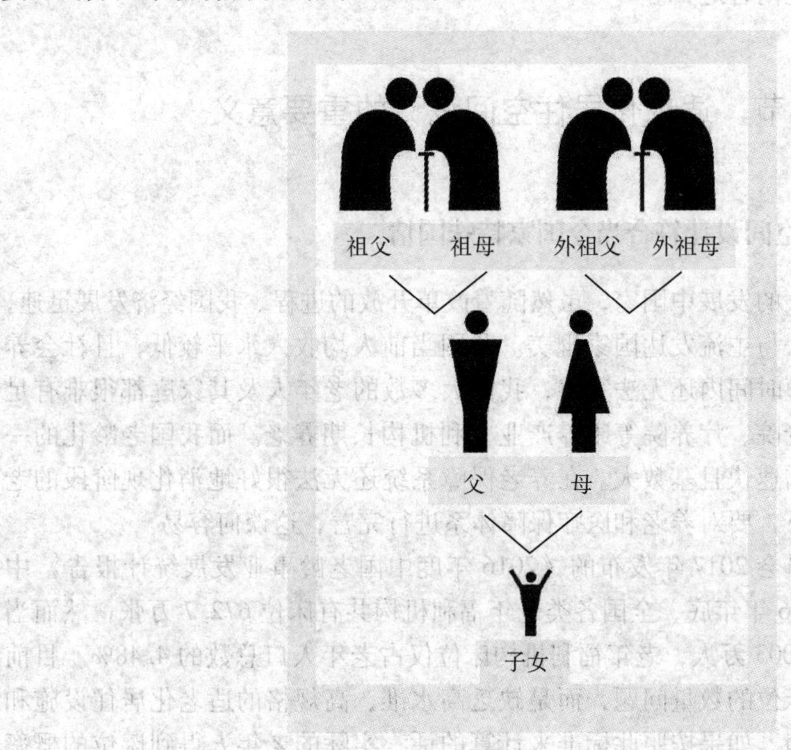

图1-1 典型的“4—2—1”家庭结构图

从具体的微观层面上说，改善老年人居住环境的严峻形势也刻不容缓。目前的老年人多数为“40后”至“60后”，而城市中他们的住房多为20世纪60年代至80年代的单位福利分房，这种住房居住环境及配套设施相对简陋，特别是对于老年人的日常使用在设计上的关注度是远远达不到实际使用要求的，也由此带来了一系列问题。

例如，大多数居住于这种住房的家庭原来所配的厕所都是蹲厕，由于老年人身体机能下降，膝盖的磨损程度较高，一般来说做蹲起这类动作都比较困难，因此这种情况将会引发老年人如厕困难的问题；20 世纪 60 年代至 80 年代的住宅结构多为砖混结构，为了节约空间，门洞和过道的设计通常较狭窄，而墙体多无法拆除改造，在后期针对老年人进行无障碍设计的时候会面临难以设计施工的问题；绝大多数楼房都为 6~8 层的建筑，而且均没有配备电梯，对于年纪大的老年人而言，腿脚不便会对其造成上下楼梯的困难；等等。还有很多老年人居住环境问题，这里不再一一阐述，总之，这些问题都会对老年人的日常生活带来诸多不便。

基于上述问题，我国老年人所面临的宏观家庭结构关系引发的老年人供养问题，微观的适老化居住空间设计不足和养老设施等无法满足社会需求等严峻的老年人居住问题，以及该如何在居住空间等硬件设施的设计上为老年人提供支持，这是适老化居住空间设计的重要研究内容之一。

第二节　适老化居住空间设计的重要意义

一、适老化居住空间设计符合当今国家特殊国情

我国是世界上最大的发展中国家，虽然随着改革开放的进程，我国经济发展迅速，但是综合国力仍然无法与主流发达国家媲美。我国当前人均收入水平较低，且社会养老、医疗保障体系在短时间内还无法完善，我国大多数的老年人及其家庭都很难有足够的经济能力进入养老院、疗养院等康养产业福利机构长期养老。而我国老龄化的一大特点是老龄化人口增速快且基数大。在养老保障系统还无法很好地消化现阶段的老龄化人口增速的前提下，要对养老和医疗保障体系进行完善，这谈何容易。

全国老龄工作委员会 2017 年发布的《2016 年度中国老龄事业发展统计报告》中的数据显示，截至 2016 年年底，全国各类老年福利机构共有床位 672.7 万张，然而当年的老年人口总计 15 003 万人，老年福利机构床位仅占老年人口总数的 4.48%。目前更为现实的问题不是床位的数量问题，而是缺乏高水准、高规格的适老化居住设施和护理功能性的养老设施。如果按照此标准来计算的话，实际的老年人得到床位的概率会更低。显然，从上述种种情况和数据分析来看，社会养老资源很难满足庞大的养老需求，养老设施的建设需要更加具体的部署和执行。

老年公寓、养老院等专业的养老机构存在着不同程度的不足，具体如下：

(1) 养老设施缺乏高水准的设计。现阶段仅按照老年人口统计进行床位建设，建设目标相对盲目，缺乏针对性。老年人是一个群体，更是一个个不同的个体，应该按

照不同个体特征进行细化设计，即根据老年人的健康状况、经济情况、家庭背景等情况进行细致划分，按需建设。

（2）高档养老机构大多都是按照星级酒店的标准建设的，豪华但不舒适，无法给老年人带来家的感觉，缺乏归属感和温馨的氛围。而大多数养老项目也缺乏专业服务，产品单一，仅从衣、食、住、行和医疗等物质方面提供服务，缺乏对老年人文化娱乐和精神享受方面的服务。项目建设者和设计师需要知道高水准的养老设施并不仅仅是硬件的建设，还需要在软件上加大建设力度。

（3）诸多养老项目的目的并不仅仅是服务老年群体，很多情况下是以养老为旗号，做着房地产的生意，在项目立项之初就并非完全是为老年人服务的，这就导致了后期的项目设计与建设缺乏执行力和实践价值。

由此可见，我国现阶段的老年项目还有很多的不足之处，很多老年设施的建设以及适老化居住空间的设计都还处于起步阶段，许多的房地产开发商和服务机构都还没有注意养老服务市场。作为设计师，我们应该具备卓越的设计远见，根据老年人的需求和市场定位进行适老化居住空间的设计规划，这将会是一片生命力旺盛和极具市场潜力的“蓝海”。

二、适老化居住空间设计应符合老年人意愿

我国的孝文化源远流长。在老年人的认知里，合家团圆、四世同堂为孝，老年人总是渴望与自己的后辈居住在一起，且愿意从各方面帮扶自己的后辈。同时，老年人的生活圈子有着固定的邻里关系，这也是其不愿去往养老机构长期养老的原因。老年人希望可以亲近亲人朋友，可以利用现在居住的环境和周边环境继续原有的社会关系和交往。因此，老年人的养老问题就不仅仅是设计的问题，而且是社会问题，更是一个人文课题。编者在成都市六大主城区（金牛区、锦江区、武侯区、成华区、高新区和青羊区）发布了 20 000 份（收回 19 760 份）调查报告进行养老需求情况的调研，被调查对象涉及不同性别、不同年龄、不同职业、不同收入和不同受教育水平，具有一定的广泛性和实用性。从收回的问卷中可以看出，很多被调查对象对调研问题都有认真的思考和细致的回答，并附有很多极具参考价值的建议和意见，反映出了受访者对于养老问题的关心和期望，对今后养老设施建设和发展运营有着很大的借鉴意义。

【思考·讨论】

★如何做一份合格的问卷调查的设计？

请思考：如何设计、制作一份符合实际情况，并且能够量化提炼数据和受访者需求倾向的问卷调查呢？我们可以将这份问卷调查设计成哪几个模块呢？这些模块都有

什么样的作用和内在联系呢?

以下是编者所做的关于养老需求调研的问卷调查报告设计。

模块一：受访者基本背景调研

1. 年龄统计

本次调研所关注的对象主要是25~35周岁的青年群体、36~55周岁的中年群体以及56~70周岁的老年群体。从结果统计中可以看出，56周岁及以上的老年群体以多子女家庭为主，因此会更多地考虑居家养老，而55周岁及以下人群多是独生子女家庭，会更多地考虑社会养老。

2. 性别统计

本次受访的人群中，男女比例大体相当，女性人数略高于男性，男女比例分别为48.2%和51.8%。

3. 婚姻状况统计

在本次调研中，已婚人数占比最大，为75.3%；其次是未婚人数，占比19.5%；离婚及丧偶人数占比5.2%。

4. 受教育程度统计

受访者的受教育程度会在一定程度上影响其养老观念，同时也会影响对新型养老设施和理念的接受程度，这也在一定程度上影响养老市场的走向。本次受访者群中，拥有大学本科学历的人群最多，占比42.5%；拥有高中及中专、职高学历的人群占比26.2%；拥有大专学历的人群占比20.8%；而拥有研究生及以上学历的人群仅占10.5%。

5. 年收入统计

个人年收入水平是直接影响老年人养老消费投入的。在受访者群中，年收入20万元（含20万元）以上的高收入人群占比29.2%；20万元（不含20万元）以下占比70.8%。

6. 家庭居住情况统计

在本次受访的人群中，夫妻二人加子女一人的三口之家居多，占比32.2%；仅夫妻二人同住的家庭占比25.5%；一人独居的家庭占比19%；二代同居和三代及四代同居的家庭占比分别为14.3%和9%。这种比例趋势代表着家庭规模正在日益缩小。

7. 个人职业统计

接受本次调研的人群中包括了各行各业的人员，其中以国家公务员、服务行业从业人员及地产建筑业从业人员占比最大，分别为18.5%、15.6%和15.2%；而从事其他职业者又涵盖了金融保险业、大学教授、出版业、文化体育、餐饮私营业主、服装行业、医药卫生、IT 业以及自由职业者等。

模块二：养老模式倾向调研

1. 您（或您的父母）对于养老模式的选择是（　　）。

A. 与儿女同住

B. 与儿女同住一个小区或同一栋楼，但是分开居住

C. 独居

D. 住养老院

E. 选择老年社区的居家型养老住宅

F. 专业化服务的高档养老设施

该题的选择结果整体上来看，选择最多的是选项 B（大多数受访者都选择与儿女同住一个小区或同一栋楼，但分开居住），占比 35.8%；选项 C（独居）的占比为 13.2%；选项 A（与儿女同住）的占比为 12.8%；选项 D（住养老院）的占比较少，为 8.6%。

从这个结果上看，一方面，说明人们的观念更多的还是局限于与儿女同住或靠近儿女居住，还停留在“养儿防老”的理念层面上，在情感上难以接受入住养老院等福利机构；另一方面，也从侧面说明了现阶段的大多数养老院的从业人员质素、服务水平、硬件设施等还难以达到老年人的要求。

2. 您（或您的父母）退休后理想的居住地是（　　）。

A. 曾经长期居住的城市

B. 儿女所在城市

C. 回老家居住

D. 到有良好配套设施的乡村居住

E. 到气候环境良好、医疗设施齐全、服务配套到位的城市居住

F. 重点选择环境良好及配套服务的社区和养老设施，不过多考虑地域问题

在本题的反馈答案中，选择最多的是选项 A（曾经长期居住的城市），占比 31.5%；选项 E（到气候环境良好、医疗设施齐全、服务配套到位的城市居住）的占比为 19.8%，这说明老年人在年迈之时，更希望在自己熟悉的环境中生活，同时也对居住环境、医疗配套设施和服务有更高的期待；另外，选项 B（儿女所在城市）的占比较多，为 18.4%，这也说明了人们年老孤独，有较强的与自己的儿女一起生活的意愿。

3. 您（或您的父母）在（　　）情况下会考虑入住养老院。

A. 生活无法自理

B. 儿女不在身边

C. 配偶去世，独自生活

D. 发现了一个既专业又高档的养老社区或设施

E. 有互相理解信任的同龄人朋友相邀一起入住

F. 有良好社会保障，入住后能解决后顾之忧，安心颐养天年

这一题的选项相对比较平均，选项A（生活无法自理）和选项C（配偶去世，独自生活）的占比稍高，分别为20.5%和19.8%，这说明了老年人对目前的养老院等设施的满意度不高，不到“无法自理”或“被迫独居”这种不得已的情况，都不会选择入住养老院。

模块三：养老设施及服务模式调研

1. 您（或您的父母）希望的养老居住条件是（　　）。

A. 现居的住宅

B. 适合老年人居住的养老社区

C. 与儿女同住的多居室套件

D. 具有优雅环境和宜人气候的旅游地新居

E. 能有专业化照料，同时又能与家庭成员生活在一起的综合型社区

在本题的选项中，选项E（能有专业化照料，同时又能与家庭成员生活在一起的综合型社区）的占比最多，为25.6%，说明老年人对于专业化照料的设施并不是没有需求，只是现阶段能够两全其美的设施或社区并不多。

2. 您（或您的父母）希望的养老设施服务模式是（　　）。

A. 会员制，可自由选择入住时间、期限

B. 反按揭制，将原有住房抵押，抵押金按月折成每月入住费用

C. 物业置换，将原有住房出租，以租换住

D. 一次性买断

E. 酒店式管理，类似于入住星级酒店的管理模式

总体统计下来，本题选择最多的是选项A（会员制，可自由选择入住时间、期限），占比36%；其次是选项D（一次性买断）和选项C（物业置换，将原有住房出租，以租换住），占比分别是17.7%和17.5%。由此可见，老年人的养老消费方式相对是比较保守的。

3. 您（或您的父母）愿意接受的服务是（　　）。

A. 入住养老设施，接受日常生活照料、医疗保健、精神慰藉等专业服务

B. 住在自己家里，早晚由养老机构负责接送，接受日间照料和专业服务

C. 住在适合老年人居住的社区里，得到24小时照料

D. 住在适合老年人居住的社区里，有需要时可以随时得到照料

E. 住在具有高档养老设施的社区里，根据自身情况自由选择各项服务

这一题主要是调查受访者的接受服务程度和意愿，从调研结果中可以看出受访者更倾向于选项D（住在适合老年人居住的社区里，有需要时可以随时得到照料），既能自由生活、不受限制，又能随时获得照料。

4. 您（或您的父母）可承担的高档养老设施的费用是（　　）。

A. 每月1 000~2 000元

B. 每月2 000~3 000元

C. 每月3 000~4 000元

D. 每月4 000~5 000元

E. 每月5 000~6 000元

F. 每月6 000~10 000元

本题中选择最多的是选项A（每月1 000~2 000元），占比52. 5%，之后是选项B（每月2 000~3 000元），占比32. 5%。

5. 您（或您的父母）希望的养老设施中的公共配套设施包括（　　）。

该选题是多项选择题，依次排序如表1-2所示。

表1-2　养老设施中的公共配套设施需求意愿表

1. 社区医疗	2. 24小时服务中心	3. 药店	4. 棋牌娱乐室	5. 图书阅览室
6. 健身馆	7. 多媒体设施	8. 风味餐厅	9. 园艺苗圃	10. 心理咨询室
11. 卡拉OK室	12. 室内游泳馆	13. 酒吧、舞厅	14. 福利用品店	15. 菜园
16. 植物园	17. 台球室	18. 老年大学	19. 茶艺咖啡屋	20. 文化中心
21. 电影院	22. 老年用品店	23. 其他		

从表1-2的排序中可以看出，受访者群首先关注的还是医疗保健和康复设施，其次才是棋牌娱乐和图书阅览等文化方面的需求。

模块四：结论

通过本次调研，我们得出以下结论：

（1）人们对于养老市场和养老产业的关注度越来越高，针对养老设施、养老模式以及养老服务模式与费用都有很清晰的需求趋势，这预示着养老产业的红利时代即将来临。

（2）高端养老设施项目的目标客户群体，首先应定位在35周岁以上的高收入人群以及他们的父母，这部分人工作繁忙，无暇照顾父母，会愿意付出高昂的费用购买专业的服务；同时，这部分人以独生子女居多，他们自己也开始考虑起了自身的养老问题，愿意提前考察养老设施和项目，他们更关注养老设施的功能、服务及环境。

（3）生活比较富裕的老年人特别是高级知识分子，他们对于养老产业的认同感是比较高的，这一部分人群对于生活品位和生活质量的要求比较高，他们愿意花费较高的价格聘请专业的养老机构为他们规划老年生活，提高生活情趣。

（4）社区化的设施、高品位的规划、专业化的设计，会使养老项目具有巨大的市场前景，多元化的养老模式和精细化的设计都是必不可少的。

从上述结论中不难看出，我国的养老设施还远远无法满足广大老年人的需求，大部分受访者表示对居住空间有适老化设计改善的需要。改善老年人的居住空间，有助于为老年人创造一个健康快乐的晚年生活，提高晚年生活的质量。

第三节　适老化居住空间的设计流程体系

一、适老化居住空间设计的流程体系

适老化居住空间设计流程体系见图1-2，这里不再详细阐述。

二、设计流程中的各项具体内容

适老化居住空间的设计流程与其他空间设计大致相同，不同之处在于其设计的每一个具体的项目都是针对老年人的生理特征和心理特征来进行调整和完善的，应从项目调查研究、立项、选址、明确设计条件、项目招投标、规划设计、方案设计、施工建设、设施运营等步骤来进行具体的设计实践。

1. 项目调查研究

项目调查研究是在养老设施项目建设的初期，针对广域范围内的养老设施项目分布、周边现有设施的功能和规模、目前所需的设施类型和需求、周边老年群体的具体分布和所需服务、建设的必要性和可行性等内容进行收集整理和调研分析。这一部分工作主要由政府部门或政府部门下设的养老福利机构进行定向调查。

2. 立项

立项主要是指通过前期充分的项目调研，在确定了养老设施建设的必要性和可行性的基础上，经过政府部门研究，确定项目的成立和相应的事业主体。

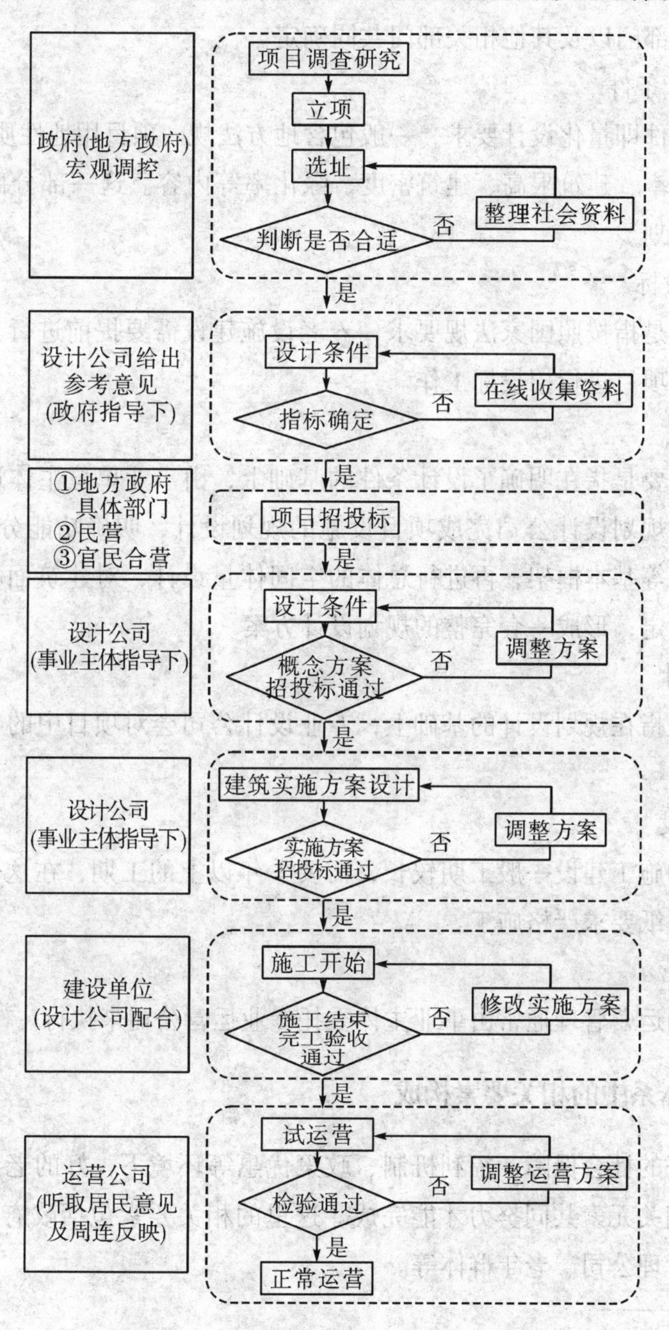

图 1-2　适老化居住空间设计流程体系图

3. 选址

选址就是选择养老设施项目的具体地理位置。这项工作十分重要，关系到未来项目建成以后的运营状况，需要认真慎重地进行。选址工作主要由政府牵头，联合福利机构、政府规划部门以及其他相关部门共同确定。

4. 明确设计条件

明确设计条件即量化设计要求，一般包含地方法规、项目用地性质、大小、形状、道路界限、容积率、建筑限高、建筑密度、绿化率等内容。这一部分由政府部门指定专业公司完成规划。

5. 项目招投标

项目招投标是指按照国家法规要求，养老设施建设需要提前进行公示，昭告社会各界及团体，对项目进行招投标工作。

6. 规划设计

规划设计主要是指在明确了设计条件的基础上，由事业单位主体进行委托招投标工作，由专业的规划设计公司完成项目设施的规划设计，明确功能分区、交通动线①组织、景观设计等基本框架，再进行总体的空间体量设计，对建筑面积、容积率、标高等指标进行设定，形成一套完整的规划设计方案。

7. 方案设计

方案设计是指在规划设计的基础上，专业设计公司会对项目中的各建筑及景观进行方案设计。

8. 施工建设

养老设施的施工建设一般工期较长，需要 1 年以上的工期，在这个过程中，需要施工单位根据图纸要求严格施工。

9. 设施运营

养老设施的运营管理通常由事业主体委托专业运营公司来执行。

三、流程体系中的相关要素构成

在具有良好的社会保障、福利机制、政策优惠等环境下，好的老年设施的良性运营还需要其他相关元素共同努力才能完成。这里的相关要素包括政府、事业主体、设计公司、运营管理公司、老年群体等。

① 动线，是建筑与室内设计的专业用语之一，意指人在室内室外移动的点，联合起来就成为动线。

1. 政府

政府在整个养老设施建设过程中起着主导作用。在项目建设初期，必须由具有国家公信力的政府机关牵头，整合社会资源，为项目的建设打好基础，并在后期起到监督和规范的作用。

2. 事业主体

事业主体包括国有企业、民营企业、社会福利机构等，它们的主要职能是开发和建设养老福利设施，为老年人的福利设施提供建设和运营的经费支持。

3. 设计公司

设计公司是养老设施空间装潢的创造者，任务是在物理的空间范围内保障老年群体的生活能够获得物质和精神上的满足。

4. 运营管理公司

运营管理公司是维持养老设施及机构正常运作的职能（执行）部门。对于运营管理公司有几个要点需要了解：首先，运营管理公司需要有足够的人手，特别是护理人员的数量要保证充足，这样才能保障养老设施中的老年群体获得足够的照顾；其次，养老设施是一种福利机构，运营者不能过度追求经济利益，应该以保障老年群体的利益为基本运营理念。

5. 老年群体

老年群体是接受服务的对象，是养老设施的主要使用者。

第四节　适老化居住空间设计的发展方向

一、功能复合型的居住空间设计

适老化居住空间设计需要在满足老年人最基本的居住和使用功能的基础上，尽可能地考虑到老年人在不同情境下的不同需求，如整合医疗康养的服务性功能（日间照料中心）以及与街道办事处、居委会等机构的互动功能等。这要求设计师在有限的空间与资源条件下，最大限度地协调老年人居住空间相关功能的调配布局。在将来的发展中，这有可能会形成一组功能齐全的综合适老化社会康养福利设施，当然也有可能会化整为零，形成若干个中小社区设施群。如图 1-3 所示的郑州光大欧安乐龄医养中心，就是属于功能齐全的社会康养福利设施群，项目集照料中心（欧安乐龄养生家园）、居家养老社区、文化活动中心、护理中心于一体，充分满足老年人的生理需求和心理需求。

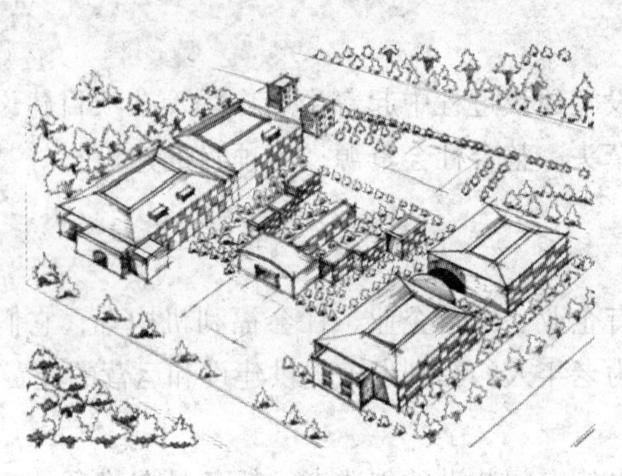

图 1-3 郑州光大欧安乐龄医养中心项目全貌

二、提升老年人心理体验的居住空间设计

适老化居住空间设计除了从客观上对空间设计进行考虑外，还应以老年人为目标从主观上对空间设计进行考虑。由于其特有的生理特点和生活经历，老年人心理体验对居住体验的影响是不容忽视的。从共性上说，对老年人居住空间的心理体验影响较大的主要包括个人尊严、使用舒适和交流方便几个方面，如图 1-4 所示的人性化的浴室设计。

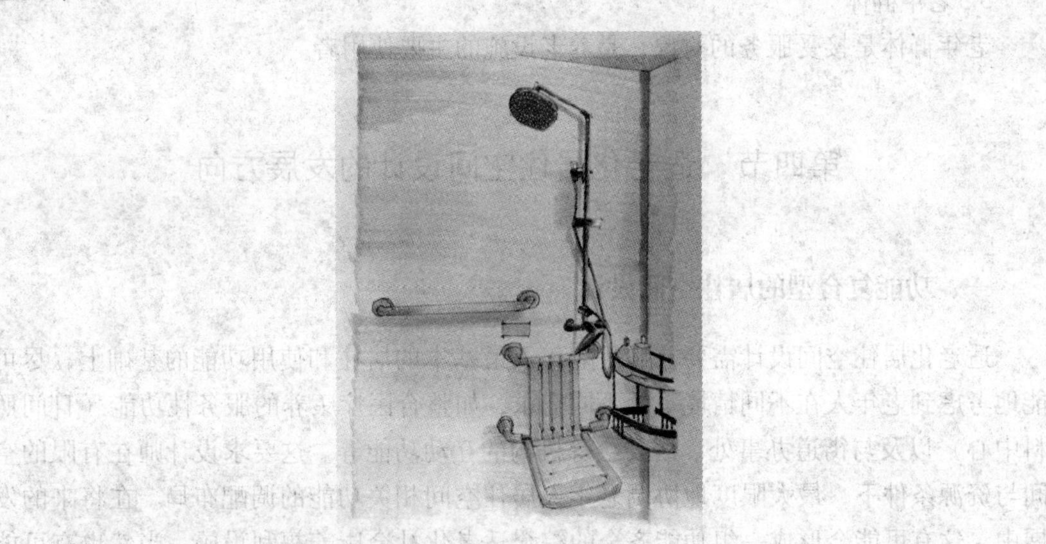

图 1-4 人性化的浴室设计

适老化居住空间在老年人个体尊严方面的体现，主要表现为设计的时候尊重老年人的个性化需求。虽然老年人在体力、智力等方面较青壮年而言有不同程度的下滑，但其仍然是一个独立的个体，他们也渴望获得其他人的平等对待而非特殊照顾，不希

望成为他人的拖累和负担。设计师在进行适老化居住空间设计的时候，应该充分尊重老年人的个体需求，特别是在生活场所的设计上，要跳出以前的集体化处理，重点考虑个人独立性的单元照顾型设计。在使用舒适度方面，进行适老化居住空间设计时应向老年人提供包括餐饮、用药、沐浴、如厕等与日常生活照料相关的使用和帮助，还应确保其生活的便利，向其提供物理康复、身体机能训练、健康体检等多种类型的服务，以确保老年人的生理需求和心理需求能在衣、食、住、行各方面得到充分满足。适老化居住空间中的交流方面的设计，要求设计师关注老年人的人际交往情况，减少老年人因缺少陪伴而产生的孤独感。可以通过在保护个人隐私的情况下，设置谈话空间、读书室、棋牌娱乐室、影音室等公共交往空间，提高人际交往的频率和深度，以此帮助老年人找到与他人之间的共同爱好，获得陪伴，提高老年人的居住心理体验。

三、配置均衡的居住配套设计

在强调重视资源整合的今天，现存着多种不同类型的适老化居住系统和设施，这些设施和资源在不同程度上存在着资源重叠的情况。因此可以预见，适老化居住空间设计在不远的未来也将面临资源的整合。在进行适老化居住空间设计时，应与当地的其他康养产业的福利机构和医院等设施的资源规划相结合，以此避免资源重叠现象的发生。这项工作仅靠设计机构和设计师是无法完成的，也需要政府职能部门介入协助完成。在具体的方案实施操作时，需要政府职能部门将居住、商业、交通等多种公共服务设施进行综合管理控制和协调来统一配置，以达到合理化、高效化地利用社会各项资源。如图 1-5 所示，德国 Caritas-Zentrum 明爱中心养护院就是充分整合了周边资源，将康养产业的老年福利机构融入市区的各项设施规划中，为老年人的生活提供了极大的便利。

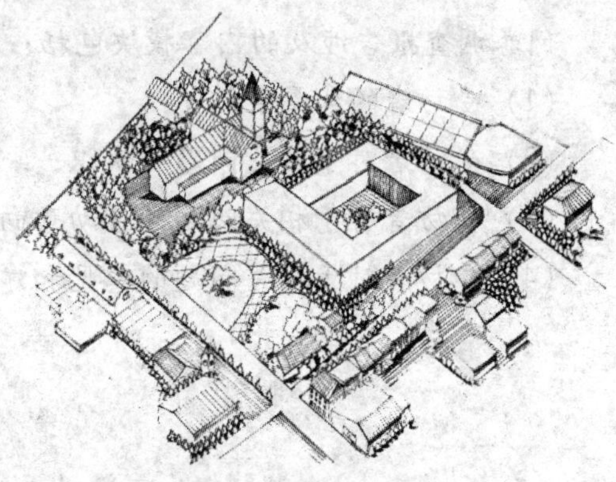

图 1-5　德国 Caritas-Zentrum 明爱中心养护院及周边环境效果图

四、智能适老化居住空间设计

随着第四次工业革命的来临，信息技术、人工智能、大数据、云计算等高科技名词正在快速地改变世界，智能化的适老化居住空间也悄然而至，各种信息化的智能技术正在被吸收和运用于适老化居住空间设计中。早在2012年，英国就将护士机器人大量运用于社区医院和普通家庭，这种机器人由云端人工智能控制，机器人顶部安有多部热成像摄像头，有语音识别技术，能够完成基本的日常护理任务。由于有云端网络链接，在日常护理中所出现的具体问题都会通过云端传输到责任医师和护理人员的移动端，做到“无缝连接”。英国的生命信托基金会甚至还计划构建一种全智能化的老年公寓，采用电脑、人工智能和无线网络全覆盖等手段，在家电、地板和墙面中安装电子感应芯片和电子辅助装置，以此来监控老年人的日常活动和帮助老年人应对紧急情况。

由此可见，利用信息化的技术，结合软硬件的针对性设计配套，打造一个适合适老化居住空间的智能化平台系统，是未来可以预见的居住空间设计形式。要搭建这样一个平台，需要软硬件生产商、运营商、医院、养老机构、设计师等多方合作，才能为老年人提供多样的智能化服务，同时也要针对老年群体的特性和需求做更为细致的分析，找到最适合老年人需要的应用形式，通过智能化的技术使老年人过上幸福的晚年。

【课后实训】

请设计一份关于适老化居住空间设计相关问题的问卷调查报告，并以小组的形式在一定的区域进行发放，然后统计回收的资料，得出调研结论。

问卷调查报告涉及的内容模块包括：

（1）受访者的背景资料；

（2）受访者对于相关问题的认识；

（3）受访者对于相关问题的行动意向；

（4）受访者对于相关问题的意见和建议。

第五节 本章小结

适老化居住空间设计，究其根本是为了适应人类社会生存环境的变化而出现的居住空间设计课题。希望通过本章的引导和讲解，为已经成为或即将成为环境设计师的从业者提供参考，让更多的人去关注适老化居住空间，去重视老年人对适老化居住空间的需求状况，让老年人能够老有所居、老有所养、老有所乐。

第二章　国内外适老化居住空间设计现状分析

当今世界，经济发展迅速，人口老龄化日趋严重，这一现实国情决定了适老化居住空间设计存在着艰巨性和复杂性，其设计的优劣将对老年人的生理健康及心理健康产生重要影响。设计师如何更好地进行适老化居住空间设计，以便使老年人更好地安度晚年，这就需要其对国内外的适老化居住空间设计进行分析研究。本章对日本倍乐生小田急祖师谷养老中心、美国伊利诺伊州芝加哥市蒙哥马利之家、德国 Caritas-Zentrum 明爱中心养护院的相关设计进行了学习，并分析总结了这些国外经典适老化居住空间设计案例的优点；对北京有颐居中央党校养老照料中心、郑州光大欧安乐龄医养中心、成都万科幸福家智者公寓、中国台湾地区长庚养生文化村这四所我国现有的适老化居住空间设计进行分析；将国内外适老化居住空间设计案例进行比较，从建筑外观、整体空间布局、养老理念模式、设备人性化、色彩材质应用、情感关怀等方面，借鉴其优秀之处并找出其中的不足，为我国适老化居住空间设计提出合理化的建议。

第一节　国外适老化居住空间设计现状分析

据美国彭博新闻社网站发表的世界各国老龄化程度指数排名，亚洲老年人口占亚洲总人口数的 71%，北美洲老年人口占北美洲总人口数的 55%，欧洲老年人口占欧洲总人口数的 31%。“它山之石可以攻玉”，本章将分别对亚洲、北美洲、欧洲等具有代表性的适老化居住空间设计案例进行分析总结，为我国的适老化居住空间设计提供优秀的借鉴参考。

一、以日本为例的亚洲国家适老化居住空间设计——倍乐生小田急祖师谷养老中心

日本倍乐生小田急祖师谷养老中心位于东京都西面的世田谷区，毗邻地铁站，交

通十分便利。该中心主要是从日本人的生活习惯出发，在组团中营造社交氛围，其设计特色在于特别注重营造小规模（10 人左右）组团式的家居氛围，适合对认知症老年人的护理。其“一起生活，共同协助处理家务事”的理念最早是从北欧的认知症老年人组团发展而来，设施非常重视对认知症老年人的专业性护理，且所有护理人员均受过认知症护理培训。护理人员根据老年人生活情况给出全面的指导与督促，带领健康老年人做护理预防体操，并从饮食、穿衣、写作、手工等方面为认知症老年人的日常生活制订一系列护理计划。日本倍乐生小田急祖师谷养老中心外观如图 2-1 所示。

图 2-1　日本倍乐生小田急祖师谷养老中心外观

1. 家居感的入口设计（如图 2-2 所示）

图 2-2　家居感的入口设计

该设施在入口处设置鞋柜等储藏功能作为玄关，属于家居布局中住宅内部与外部空间的缓冲区域，从而营造出“家的氛围”，消除陌生感。入口处使用了双扇推拉门，没有将门厅的宽度与层高过多地放大。同时，在材质方面与日本住宅风格贴近，地面采用小块瓷砖，从老年人的生理需求和心理需求出发，家具中的鞋凳与鞋柜采用质朴的木质材质。

2. 具有生活氛围的组团起居室（如图 2-3 所示）

图 2-3　具有生活氛围的组团起居室

该中心小范围的组团形式有利于形成彼此间熟悉的社交气氛，且每个团体均有自己的起居室并包含开放的小厨房，其在空间设计中十分注重营造“家”的氛围，主要是用于日常活动与就餐，在此居住的老年人与中心的工作人员可以像家人一样一起烧水泡茶或准备点心。在吧台设计上十分的人性化，外侧设有降低的 L 形台面，在高度上考虑坐轮椅的老年人的操作需求，可围绕吧台与工作人员一起盛米饭，在一定程度上促使老年人保持生活能力，也能促进老年人之间的交流。

3. 灵活高效的护理空间及沙龙空间（如图 2-4 所示）

图 2-4　灵活高效的护理空间及沙龙空间

该中心在每层两组团体起居室的交界处都设有护理站，且设有开敞窗口，并在两个起居室各设置了一扇推拉门，工作人员可以随时通过打开这一扇门去观察走廊及两组团体起居室的情况，形成便捷的联系动线；当门关闭时，起居室就成了独立的空间，看不见的护理站，形成“去机构化”的效果；同时出于对老年人之间的聊天需求考虑而设置了开放式沙龙，采用磨砂玻璃材质的拐角式双扇推拉门，使得空间与走廊的关系可分可合，还可以隐约观察到走廊的活动情况，且在门口设置休息与等候的单人沙发和茶几，方便老年人使用。

4. 温馨的家居室及公共起居室（如图 2-5 所示）

图 2-5　温馨的家居室及公共起居室

日本倍乐生小田急祖师谷养老中心的经营理念是“24 小时欢迎家属来探望老年人”。在家居室中设有家庭室，提供私密空间方便家属看望，起到避免对其他老年人的打扰和照顾老年人情绪的作用。家庭室与厨房距离很近，厨房能够满足老年人举行聚会的需求，方便其提供餐食。从日本人喜好安静的性格出发，在一层的公共起居室营造自由家居氛围，入口设置茶包与点心架，方便老年人食用；靠内的空间设立交流厅，安装了电视、沙发、书架、钢琴等常见物品；起居室从老年人的睡觉习惯出发，将居室内的床头开关安装在墙面正中，以此来兼顾不同的床位摆放情况。

5. 卫生间及居室的人性化设计（如图 2-6 所示）

该中心的卫生间在设计时考虑乘坐轮椅老年人的需求，有效利用走廊空间，保证乘坐轮椅的老年人有充足的回旋空间，也便于护理人员的协助。卫生间在推拉门内侧还同时设置了拉帘，当老年人如厕需要护理时，拉帘的利用能够为其腾出更大的空间，既方便护理人员进行操作，又可保持老年人的私密性。由于该设施中老年人的平均护理程度较高，部分老年人可能患有认知症，因此居室设计也进行了特殊的考虑：尽可

图 2-6　卫生间及居室的人性化设计

能地隐藏老年人不宜触碰的构件，例如把电表箱、插座及管井检查口设计为与墙面一样的白色，并在高度设置上避开老年人方便触碰的区域。卫生间与床之间的动线尽可能靠近，视线通达，避免老年人因找不到卫生间而感到焦虑；床边设置带有夜光条的扶手，避免老年人起夜时摔倒。墙面贴覆塑料材质，可防霉、防污、防臭味，并且可反复擦洗。

6. 富有人情味的首层公共空间设计

该设施从老年人安全问题出发，阳台门采用限位锁，保障老年人安全，防止意外。阳台门限位锁设计如图 2-7 所示。

图 2-7　阳台门限位锁设计

考虑到老年人会单独进入浴室洗浴，为避免其滑倒，保证其安全，浴室从入口到更衣室再到浴缸均设置了连续的扶手。老年人浴室设计如图 2-8 所示。

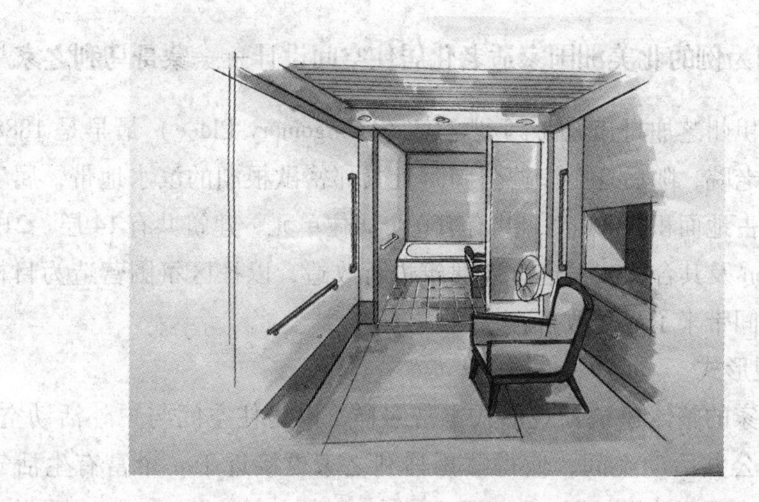

图 2-8　老年人浴室设计

该机械浴室[①]由更衣室与洗浴室组成，其中更衣室还具有美发沙龙的功能，有专业理发师每月可定期为老年人理发。洗浴室包括冲洗区及机械浴缸[②]区，由于需要满足浴床的回转需求，其空间会比一般浴室大；但浴室采用电热取暖器加热，为了保证老年人洗浴时房间温度可以快速提升，浴室面积不宜过大。机械浴室的更衣室兼美发沙龙室如图 2-9 所示。

图 2-9　机械浴室的更衣室兼美发沙龙室

① “机械浴室”一词来自日本，是为了辅助洗浴有困难的老年人而设立的一种特殊浴室，通常浴室中都会设有机械浴缸等配套设备用以辅助老年人入浴。

② “机械浴缸”是用于辅助老年人以卧姿进入并进行洗浴的电动浴缸，通常与专为老年人定制的洗浴椅配套使用，具有身体清洗、水压按摩等功能，能够有效降低护理人员的劳动负荷，同时增加老年人在入浴过程中的舒适感。

二、以美国为例的北美洲国家适老化居住空间设计——蒙哥马利之家①

美国伊利诺伊州芝加哥市蒙哥马利之家（Montgomery Place）最早是1888年由当地教堂创办的敬老院，随后迁至海德公园附近紧邻密歇根湖的滨水地带，属于持续照料型退休社区，占地面积6 000m²，共有160个居住单元。建筑共有14层。21世纪初，由Dorsky Hodgson及其合伙人对这座老建筑进行改造，以社区氛围营造为目标，给这家养老机构的空间带来了显著改善。

1. 建筑外观形式

蒙哥马利之家的整体建筑外观形式丰富多样，以居住空间与户外活动空间为主，注入了多样化的公共活动空间，使得蒙哥马利之家更接近于一个富有生活气息的社区。建筑外观形式平面效果如图2-10所示。

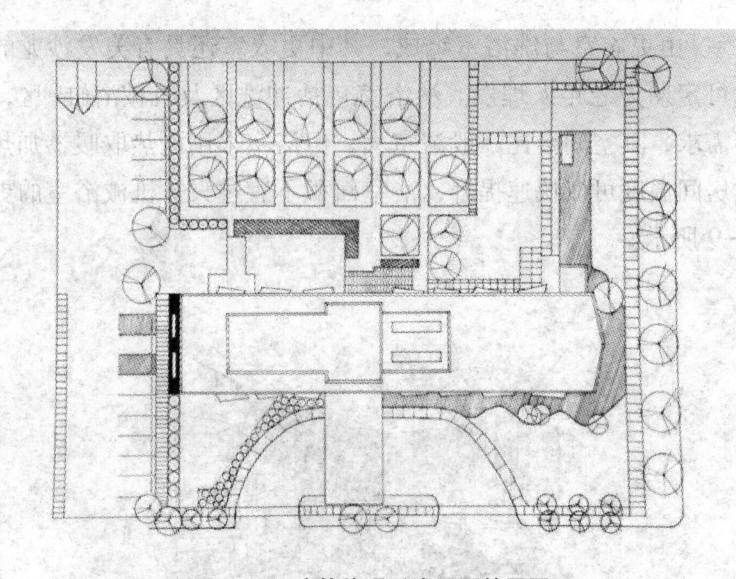

图2-10　建筑外观形式平面效果图

2. 建筑空间的色彩材质运用

老年人居住空间中，色彩及材质的合理运用可以对老年人的生理健康及心理健康产生积极影响；同时，老年人居住空间色彩的合理运用可以对老年人产生积极的康复作用。蒙哥马利之家整体以暖色调为主，灰色与砖红色辅助，带给老年人舒适宜人的温馨感受，提供给老年人一个温暖舒适的生活空间。室内居住环境选材以最贴近自然

① 周燕珉. 高层养老设施改造案例学习——美国芝加哥蒙哥马利之家［EB/OL］.（2014-06-03）［2020-01-10］. http://m.blog.sina.com.cn/s/blog_6218cf570101sds.html#page=1.

的木材以及质朴的布艺、海绵、皮质为主，使老年人倍感亲切。室内居住环境效果如图 2-11 所示。

图 2-11　室内居住环境效果图

3. 首层公共空间的最大化

蒙哥马利之家一层主要是作为公共活动空间向老年人开放，营造充满活力的社区氛围。门厅主入口西侧的小咖啡厅有内置书架，老年人可以在里面休息、阅读和会友。咖啡厅的一角还配备了一个小型杂货店，能为老年人的生活带来便利。因此，这个空间总是人气非常旺。主入口西侧的书吧和咖啡厅如图 2-12 所示。门厅主入口东侧沿一条宽敞的景观走廊布置图书室、棋牌室、活动室、大起居室、花园景观室、小礼拜堂等公共活动空间，在走廊的终点以面向湖面的观景大厅为主，为老年人提供了大量的活动和交流空间，深受老年人喜爱。主入口东侧的公共空间如图 2-13 所示。

图 2-12　主入口西侧的书吧和咖啡厅

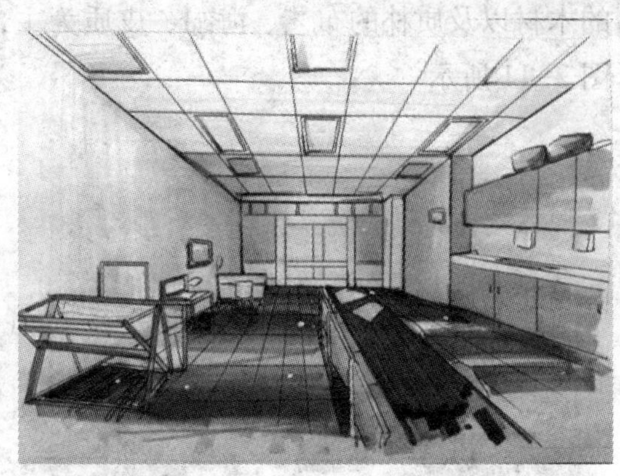

图 2-13　主入口东侧的公共空间

4. 充分利用景观元素

该设施最有特点之处在于以密歇根湖的景观作为该地段的主要景观，使老年人在室内或屋顶平台（如图 2-14 所示）可以看到密歇根湖的景色。除了屋顶平台、首层东侧的景观走廊和景观大厅外，标准层走廊的东侧尽头都设置了公共起居空间，并在东南与东北转角设置了规格较高的老年人居室套间，在有限的条件下最大化地引入了湖景元素，使得老年人居住环境的空气质量较好、自然采光不错、通风良好等，同时促使老年人的心情变好，有利于老年人的身心健康。

图 2-14　屋顶平台景观

三、以德国为例的欧洲国家适老化居住空间设计——Caritas-Zentrum 明爱中心养护院

德国作为老龄化相当严重的福利国家典范，多年来对养老保障制度进行了一系列的改革，其宗旨是优先确保公共养老金的长期可持续发放，同时兼顾维护社会公平的诉求①。学习并了解德国最新一代老年人居住空间设计理念与发展趋势，对我国适老化居住空间设计有着重要的借鉴意义。

Caritas-Zentrum 明爱中心养护院建于 2015 年，位于德国西南的曼海姆市。总建筑面积约 11 000m^2，建筑楼层共 4 层，可容纳 100 个床位，其中居住面积在 25~107m^2，针对不同需求的老年人，提供全护、日托等日常服务。该设施位于曼海姆市外部城区瓦尔德霍夫的中心地带，紧邻当地著名教堂——圣弗朗西斯天主教和保罗基督新教教堂，周边生活设施配套齐全，包括火车站、大型超市、医疗中心、邮局、购物中心等，地理位置非常优越。该设施一层为公共空间，包含日托、餐厅、厨房、小教堂、社会救助站以及部分出租的办公用房；二层为护理中心，共设有 52 个老年人居室且均为单人间，建筑平面为回字形，不仅避免了老年人走失的情况，还有利于老年人与他人之间进行沟通交流；三层含 31 套公寓，套型面积为 36~98m^2；四层为临终关怀中心及 9 间顶层公寓，套型面积为 103~133m^2。

1. 建筑设计特色——Hospiz St.Vincent 临终关怀中心

该设施临终关怀理念——“Hospiz”来自拉丁语，原意为旅游者中途休息的地方，医学上译为“临终关怀”。其目的在于向那些到达生命旅途最后一站的人提供照护、奉献爱心，帮助他们控制症状、减轻痛苦，使其安然离开人世。伴随着绝症的痛苦和垂死的恐惧，临终者不应该被单独留在家中，他们需要经验丰富的人给予关心与帮助，得到安全保障和健康监测，在保持尊严的同时还能减轻痛苦，直至生命的终点。这就是 Caritas-Zentrum 明爱中心养护院临终关怀的理念。

2. 玫瑰关怀间设计

在德国，死者灵堂内会放置很多玫瑰以寄托对逝者的思念，因此选用玫瑰作为设计意象，以象征生与死的过渡，希望通过对玫瑰关怀间的设计来帮助人们在生与死之间顺利过渡。玫瑰关怀间是可容纳 2~3 人的大房间，不会使人产生拥挤的感觉。进入

① 徐四季. 老龄化下德国养老保障制度改革研究［J］. 西北人口，2016（5）：9-16.

房间后，人们可以通过听音乐、与人交流、自我静思等方式让自己放松下来，从而达到调整情绪的目的。在玫瑰关怀间中安装了有心理抚慰作用的玻璃墙，设计师希望以艺术玻璃为媒介，通过光与色彩的艺术来震撼人的心魄，使所有人在精神上产生共鸣。除此之外，玫瑰关怀间还设置有供人们平静交谈的交流区，室内布置简洁明亮。玫瑰关怀间设计如图 2-15 所示。

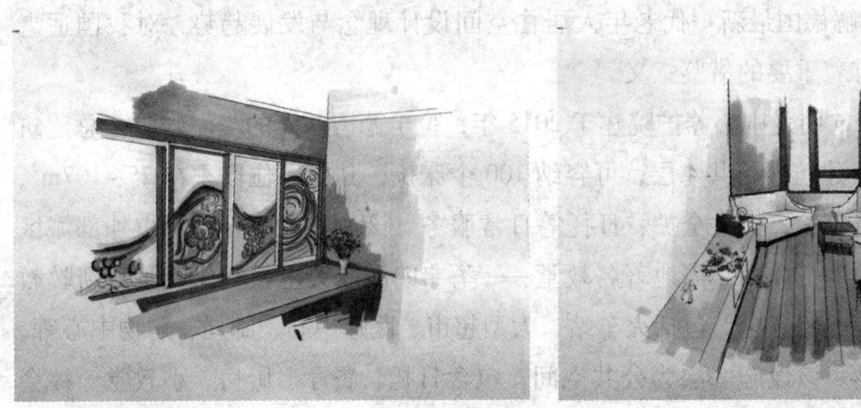

图 2-15　玫瑰关怀间设计

3. 临终单人间的人性化设计

临终单人间的墙面两边均布置了电源点位，调整护床板可整体调整床的摆放方向，同时临终单人间还设置了单人沙发，为前来探望的亲属提供一个舒适的休息空间。家具人性化设计如图 2-16 所示。临终单人间的灯光设计主要是采用照明及氛围灯光装置，外圈灯为照明灯，用于室内照明，而内圈灯为氛围灯，可调节颜色，用来调节室内气氛，营造一种温暖舒适的氛围。灯光人性化设计如图 2-17 所示。临终单人间的卫生间中，镜子设计从老年人的心理需求出发，可自由调节角度，使老年人在临终前照镜子不会因为看到了自己苍白憔悴的脸而心生害怕，充满人性关怀；同时卫生间的洗浴区用不同的地砖铺成，方便老年人区分排水，洗浴区域安装扶手，方便老年人起身并防止滑倒，起到安全作用。卫生间人性化设计如图 2-18 所示。

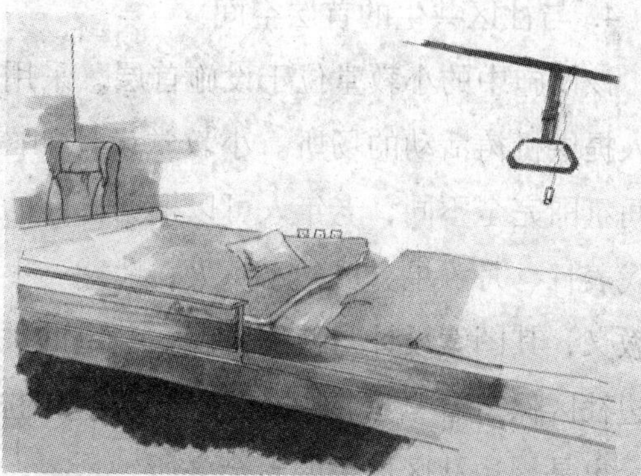

图 2-16　家具人性化设计

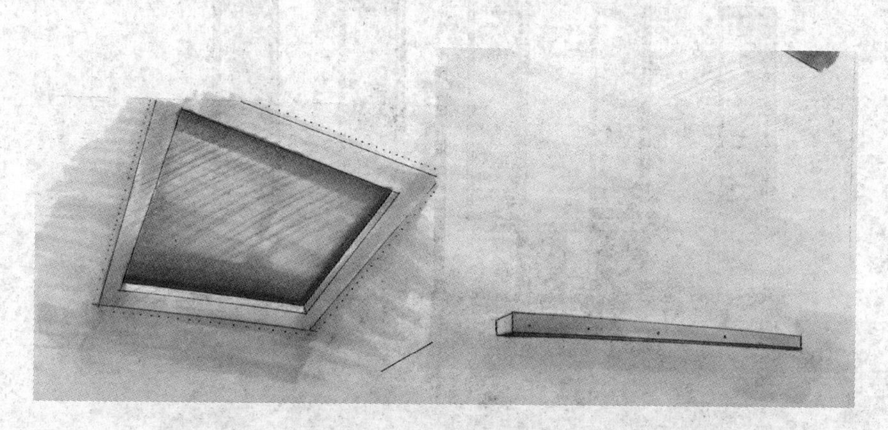

图 2-17　灯光人性化设计

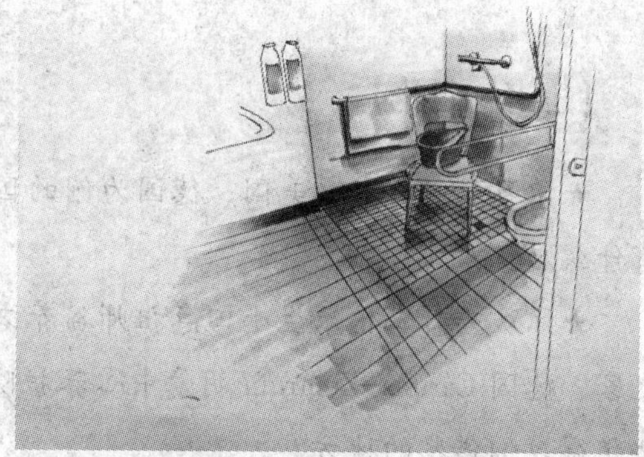

图 2-18　卫生间人性化设计

4. 与社区共生的首层空间

该设施中的小教堂位于设施首层，采用艺术玻璃来打造宗教氛围，为有信仰的老年人提供祈祷活动的场所。小教堂设计如图 2-19 所示。两侧的艺术玻璃所渲染出的空间氛围完全不同，老年人可以根据自己的喜好选择使用，彩色艺术玻璃上的绘画分别代表日、月、星、风、水、火、地球、生死等，契合圣梵纪教会所提倡的崇尚自然的教义，其图案设计与使用者存在一定的关联。作为德国最新的第五代养老设施，与周边社区保持着紧密的联系，对外营业的社区餐厅不但服务于住在本设施里的老年人，也是周边社区居民的聚会之所。

图 2-19 小教堂设计

【思考·讨论】

★学习了以日本、美国、德国为例的国外适老化居住空间经典设计案例后，对你有什么启发？

★你认为日本倍乐生小田急祖师谷养老中心、美国伊利诺伊州芝加哥市蒙哥马利之家、德国 Caritas-Zentrum 明爱中心养护院这三个适老化居住空间经典设计案例有哪些值得我们借鉴的地方？

【课后实训】

仔细对比分析日本倍乐生小田急祖师谷养老中心、美国伊利诺伊州芝加哥市蒙哥马利之家、德国 Caritas-Zentrum 明爱中心养护院这三个适老化居住空间经典案例，完成对比分析报告，主要是从建筑外观、整体空间布局、养老理念模式、设备人性化、色彩材质应用、情感关怀等角度进行调研，完成调研分析报告。

第二节　我国适老化居住空间设计现状分析

本节根据我国不同的地区特征，对以北京、郑州、成都及台湾地区为代表的各地区适老化居住空间设计进行分析。北京作为我国首都，不仅是全国的政治、文化中心，还是京津冀地区的经济发展中心，本书以北京适老化居住空间为研究对象，在一定程度上反映了我国先进养老设施设计及建设的现状；郑州是我国中部地区城市的代表，交通便利，养老设施和医疗条件齐全，能代表内陆老牌城市群的适老化居住空间设计现状；成都是新一线城市的代表，也是西部中心城市，是国家高速发展的新兴城市集群中适老化居住空间设计的代表；台湾地区经济较为发达，人民生活水平和消费水平相对较高，我们对这个地区的适老化居住空间设计进行研究分析，为我国适老化居住空间设计提供了有力参考。下面将分别对这些地区中具有代表性的适老化居住空间设计进行案例分析，从具体的代表性案例分析中展现我国的适老化居住空间设计现状。

一、以北京为例的适老化居住空间设计——有颐居中央党校养老照料中心

有颐居中央党校养老照料中心采用的是“医养结合、公办民营”的模式，由北京康颐健康管理有限公司负责运营，中央党校机关服务局负责监管。2016 年 10 月建成投入使用，主要的服务形式包括全托、日托和上门服务三种[①]，为老年人提供多元服务。有颐居中央党校养老照料中心建筑外观如图 2-20 所示。

有颐居中央党校养老照料中心分为养老照料中心和社区卫生服务站两个部分，在竖向功能布局方面对此进行考虑：首层和地下一层用作社区卫生服务站，二层和三层是养老照料中心，两者共用一个门厅，通过门厅的医养分隔门划分出不同的进出流线。

① 和武力. 城市社区中医养结合下的养老设施建筑设计研究［D］. 西安：西安建筑科技大学，2017.

图 2-20　有颐居中央党校养老照料中心建筑外观

1. 走廊设计

有颐居中央党校养老照料中心切实从老年人的需求出发，保障老年人能够拥有一个安全、方便、舒适的现代生活环境，进行了周到、细致的无障碍设计，充分体现了对老年人无微不至的关怀。例如走廊扶手采用了双侧扶手的形式，并保证了扶手的连续性，为行动不便的老年人提供方便；在走廊底部设置小夜灯，这在一定程度上提高了老年人在夜间行走的安全性。走廊的无障碍设计如图 2-21 所示。

图 2-21　走廊的无障碍设计

2. 贴心的沙发设计

有颐居中央党校养老照料中心在前台的低位服务台边上放置了小沙发，为老年人在前台咨询时提供休息场地；同时还在许多其他可能需要休息的地方也都放置了沙发或床，例如地下一层的采血室，考虑到一些晕血的老年人在采血过程中可能会晕倒，因此在采血室放置一张休息沙发或休息床。贴心的沙发设计如图 2-22 所示。

图 2-22　贴心的沙发设计

3. 人性化的浴室设计

有颐居中央党校养老照料中心面向的主要是半自理的老年人，在洗浴空间的设计上则充分满足了这类老年人的需求。洗浴空间中除了一般的淋浴外，还准备了浴凳供老年人坐浴；对于三楼护理程度较高的老年人，洗浴间还设置了折叠式的浴床，方便老年人躺浴。除了浴床、浴凳辅助老年人洗澡外，洗浴间还采用了无高差设计，以排水篦子代替门槛解决排水的问题，在满足了轮椅的无障碍需求的同时，也避免了老年人因门槛的高差变化而跌倒的风险。人性化的浴室设计如图 2-23 所示。

图 2-23　人性化的浴室设计

4. 周到的服务窗口设计

传统的医院窗口多设置玻璃隔断，而有颐居中央党校养老照料中心采用可升降的卷帘代替玻璃。卷帘白天在使用过程中升起，改善了医生所处空间的通风条件，同时卷帘避免了玻璃隔断占用台面的问题，不会影响双方交流，避免了隔玻璃说话既不舒适又很费力的缺点。此外，设置开放服务窗口也使得医生与患者之间的交流更加亲切便利。

5. 丰富的游戏活动

为促进老年人很好地锻炼身体，预防老年失智症，设施安排了富有特色的游戏活动，使老年人在活动中也可以锻炼自身的能力，保持身体健康。如搭积木游戏，该游戏需要老年人将不同颜色、不同大小的积木按照一定的顺序插入立柱。该游戏玩法比较简单，在锻炼老年人的多种能力的同时，还能使他们在游戏的过程中维持身体机能，因此也是老年人喜欢的游戏之一。

二、以郑州为例的适老化居住空间设计——光大欧安乐龄医养中心

光大欧安乐龄医养中心隶属于河南光大欧安乐龄医疗养老股份有限公司，坐落于郑州市惠济区迎宾路与香山路交会处西南侧，占地面积 100 亩（1 亩≈666. 67 平方米，下同），建筑面积逾 72 000 平方米，规划床位 1 100 张，是河南省内国有养老机构，也是河南省内省级公办民营养老机构[①]。该中心专业提供以“养老、护理、度假养生”为一体的养老、护理服务，主要聚焦郑州养老市场，为郑州市离退休干部、高级知识分子、企业家及其家属等高端需求人群提供专业的养老综合服务，为每一位入住的老年人提供安心、贴心、温馨的颐养家园和丰富多彩的乐龄生活体验，根据入住老年人不同的身体状况、个人情况，制定不同的照护级别，并提供分级别的服务内容。

1. 室外环境优美

光大欧安乐龄医养中心室外环境优美，设置庭院湖景供老年人观赏，还有活动广场供老年人活动社交，丰富老年人的娱乐生活。医养中心室外环境如图 2-24 所示。

① 韦峰，吕帅帅. 郑州市光大欧安乐龄老年公寓被动式绿色化改造策略研究［J］. 中外建筑，2019（6）：213-215.

图 2-24　医养中心室外环境

2. 温馨舒适的养生套间设计

（1）养生套间卧室

光大欧安乐龄医养中心设置养生双人套间和医养单人套间，满足老年人的不同需求。在套间卧室中的床头上均安装了医养紧急呼救器，方便老年人在遇到危险时可以及时呼救；柜子上安装了双向扶手，方便老年人开关柜门。养生套间卧室如图 2-25 所示。

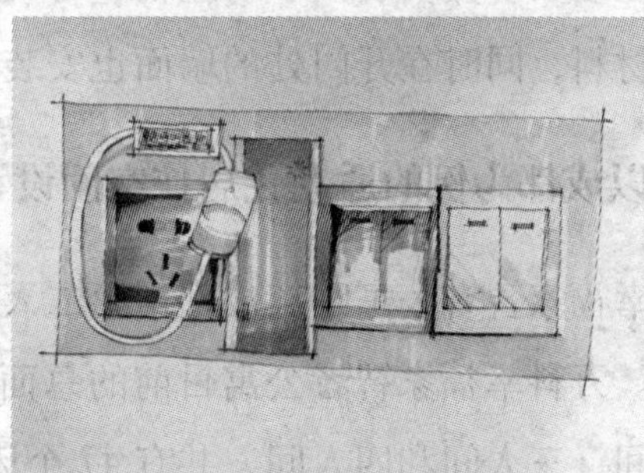

图 2-25　养生套间卧室及床头医养紧急呼救器

（2）养生套间厨房、客厅、卫生间设计

光大欧安乐龄医养中心厨房、客厅的色彩搭配均采用暖色系，带给老年人一种家的温馨舒适之感；厨房及客厅等材质大都采用木质，给老年人一种自然亲切之感；卫生间的马桶旁也安装了扶手，方便老年人起身。养生套间客厅设计如图 2-26 所示。

图 2-26　养生套间客厅设计

（3）人性化的浴室设计

光大欧安乐龄养老中心浴室设计中，将喷头安装在适当位置，方便老年人调节水温，同时在喷头下方安装扶手与座椅，方便老年人洗澡，保证其安全；选用防水防滑地面铺装材料，同时在开门处的墙面也安装扶手，防止老年人滑倒。

三、以成都为例的适老化居住空间设计——万科幸福家智者公寓

万科幸福家智者公寓距离成都市第二人民医院直线距离约 500m，交通便利，周边社区成熟。万科幸福家智者公寓目前的总面积有 1 300m^2，共有 18 个房间，分为单人间、双人间、三人间和四人间，共有 47 个床位。该公寓既接受老年人的日托、全托服务以及病后看护理疗服务，还接受老年人的居家看护，为其提供健康、医疗、康复、膳食、家政和跑腿等各种服务。

1. 智能化关怀

在万科幸福家智者公寓居住的老年人，都将配备一个智能手环，这个智能手环最主要的功能就是将他们的各类信息与智者公寓的看护人员以及他们的子女进行联通共享，可以让老年人的子女在第一时间了解到父母的最新情况。老年人戴上智能手环可以将每天的血压、血糖等测量数据上传数据库，并与老年人子女的手机连接，让其第一时间得到信息，了解父母每日的健康状况。

在老年人居住的床头安装应急呼救系统，当他们遭遇紧急情况时，能方便其触碰

床头紧急呼救按钮。每层设置护士站，工作台处的机器与户内报警按钮联动，显示发生紧急情况的位置，随后工作人员会第一时间处理紧急情况，为老年人提供救治服务。由于老年人如厕次数会比较频繁，而在卫生间发生跌倒等危险的概率会大于在其他功能房间。因此，万科在卫生间门口设计了人体感知探测器，根据设定的探测器感应间隔时间，识别屋内老年人在卫生间内发生意外而不能行动或者在设定时间内没有行动的情况，系统会自动收集信息发送到护士站，方便护理人员及时进行检查，排除危险情况。

2. 贴心化服务

老年人的三餐都由万科专业的营养配餐中心提供，在一个专门的区域进行分餐、配餐之后送到每一位老年人手上。每天的菜单摆放在洗手池旁边，由此培养老年人饭前洗手、饭后漱口的好习惯。这里每个房间都配有卫生间，但考虑到安全问题，洗澡必须到公共浴室，全部都有单独的隔间，实行预约制，会有专人陪护，如果有需求甚至可以由工作人员帮助他们洗澡。万科从老年人的安全、健康角度出发，对老年人的日常饮食、洗护等方面进行无微不至的服务，但是同时存在一些问题，如洗手池设计菱角太尖锐，不太安全，应采用圆角的洗手池，避免磕碰伤害；还有老年人的洗浴问题，有些可自理的老年人不习惯在公共浴室洗漱，应给他们设置单独的洗浴室，同时增加安全防滑设施，智能感应，保证他们安全。浴室的智能设计可参考图 2-27。

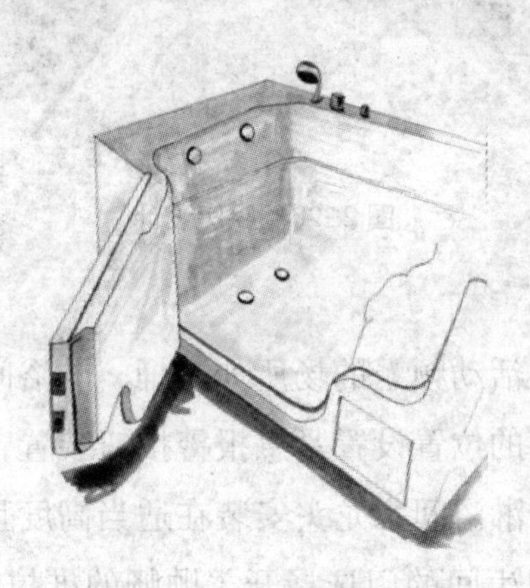

图 2-27　浴室的智能设计

3. 适老化家具设计细节

（1）椅子设计

万科幸福家智者公寓在家具设计上非常注重细节设计，如在设计椅子时将扶手做了圆弧处理，避免伤害磕碰；坐垫经特殊处理，比一般海绵稍高；扶手处设置有卡槽，方便老年人放置拐杖；将扶手做成平面，方便老年人起身。

（2）厨房设计

在厨房设计上选择更为安全的电磁灶作为加热工具，让老年人远离燃气厨房的意外危险；流线设计合理，节省操作时间；地面采用釉面防滑地砖；在厨房吊柜下方增加日光灯管照明，使操作台面更明亮，方便使用；柜门拉手选型及安装合理，拉手造型圆滑，尺寸适当，便于抓握。厨房设计如图 2-28 所示。

图 2-28　厨房设计

（3）浴室设计

浴室设计中，在老年人活动频繁的场所如马桶、淋浴间等安装扶手设置，且水平与垂直扶手相结合；在适当的位置设置紧急报警按钮装置，防止老年人在卫生间意外跌倒而不能得到及时救助；淋浴间水龙头安装在适当高度且方便调节水温；地面选用防水防滑地面铺装材料；卫生间的门选择开关顺畅的推拉门并添加了阻尼回弹功能，防止夹伤、碰撞等危险发生；使用扳手式坐便器并具备智能洁身器；在坐便器旁边设置扶手。浴室设计如图 2-29 所示。

图 2-29　浴室设计

该设施虽从老年人行为安全角度出发，防止老年人发生危险，但还是有些细节没有注意到，如浴缸旁的储物架放置位置过高，没有考虑到身材娇小的老年人的使用需求。

（4）走廊设计

走廊设计中，走廊墙面设有连续扶手，高度约 85 厘米，且为圆柱形，方便扶握；幸福家采用了日本进口带光触媒①功能的 PVC 扶手；窗户最大开启角度为 12 度~20 度；地面采用防滑材料，即使遇水也能够起到防滑效果；电梯设两部，其中一部为担架电梯，电梯与地面无太大高差，方便轮椅出入；电梯厅外设置有休息椅，方便老年人等候电梯时休息或放置随手物品。走廊细节设计如图 2-30 所示。

图 2-30　走廊细节设计

① 光触媒是一种以纳米级二氧化钛为代表的具有光催化功能的光半导体材料的总称，它涂布于基材表面，在紫外光及可见光的作用下，产生强烈催化降解功能：能有效地降解空气中的有毒有害气体；能有效杀灭多种细菌，并能将细菌或真菌释放出的毒素进行分解及无害化处理；同时还具备除甲醛、除臭、抗污、净化空气等功能。

【思考·讨论】

★你认为北京有颐居中央党校养老照料中心、郑州光大欧安乐龄医养中心、成都万科幸福家智者公寓有哪些需要改进的地方？说明理由。

★参考日本倍乐生小田急祖师谷养老中心、美国伊利诺伊州芝加哥市蒙哥马利之家、德国 Caritas-Zentrum 明爱中心养护院等适老化居住空间经典设计案例，同时结合你生活中所见过的适老化居住空间设计相关案例，讨论并提出合理化的建议。

四、以我国台湾地区为例的适老化居住空间设计——长庚养生文化村

我国台湾地区是亚洲地区老龄化程度相对比较高的地区，受文化因素影响，大部分老年人愿意和子女居住在一起，与我国大陆情况相近，因此台湾地区的养老体系及护理情况具有一定的参考价值。

长庚养生文化村位于台湾地区桃园县龟山乡，占地 510 亩，住房分为一室一厅约 46 平方米和一室两厅约 73 平方米这两个等级，可容纳 4 000 户人，交通便利，每天均有免费班车前往市区，是集养老、医疗、文化、生活、娱乐等功能于一体的“银发族小区”。服务对象为年满 60 周岁的老年人，配偶年龄不限。入住的老年人需体检合格，日常生活能自理。无因法定传染病、精神病、失智症、癫痫症导致的控制不良者或因器官移植后病况不稳定者，其中有疾病的老年人可住旁边的长庚护理之家。文化村设有村民代表参加的村民管理委员会，设村主任一人，自主经营和管理，村内居民可积极开展义工活动，做义工满一定时间，可以获得部分管理费用减免。文化村不用政府补贴，接受慈善机构捐助①。

长庚养生文化村包括居住区、银发学园、活动中心、动力中心、景观步道、护理之家、污水处理厂、户外自然园区、中央厨房、联外桥梁等区域，环境优美。长庚养生文化村外貌展示如图 2-31 所示。

① 陈彤. 基于城乡一体化的居家养老服务网络建构研究——以福建为例［J］. 经济界，2018（5）：86-96.

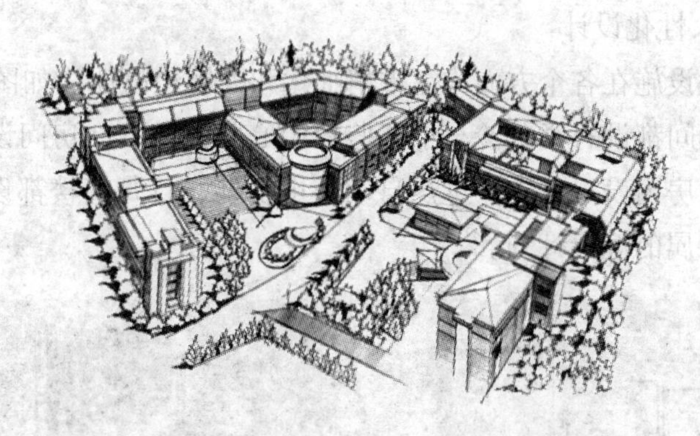

图 2-31 长庚养生文化村外貌展示图

1.“活到老、学到老”的养老理念

文化村的建设理念是“活到老、学到老”。在银发学园中开展了唱歌、弹琴、书画、插花、电脑等方面的教学活动，从各类兴趣课程如书法课、电脑课、英文课等到KTV、麻将、京剧、社团，再到各种学术讲座，媲美大学里的选修课程，且无论是老师还是学生均是老年人，使人真切地感受到“活到老、学到老”的意义。村里还提供有偿工作，根据老年人的专长，如有园艺农艺指导管理、简易水电维修等专长的老年人可以为大家服务，实行按劳取酬；透过研习班课程达到老有所用、代间交流、混龄教学、延缓老化以及联结社会脉动等良好效果。在医疗活动方面，则由园区内专业医疗人员负责，包含专业医师、药剂师、专职护士及社工师，向老年人提供完善的看护服务。

2. 完整的小区功能

（1）警卫严密，实行 24 小时进出刷卡制度并做好记录；

（2）设有超市、书局、银行等商业区；

（3）设有小吃店、中西餐厅、宴会厅等餐饮区，提供团膳以外的选餐服务；

（4）设有体育馆、健康俱乐部、水疗池、游泳池等休闲中心，增进老年人的健康体能；

（5）设有会议厅，可举办大型活动及银发族相关议题研讨会，增进小区活力；

（6）尊重个人宗教信仰，设置各种宗教聚会场所，满足老年人的心灵需求；

（7）每户均预留网络线路，并向村民访客提供无线上网服务；

（8）便利的交通，连接周边地区；

（9）设有招待所，为前来探访的家属提供住宿；

（10）设有果园农庄种植。

3. 无障碍的人性化设计

文化村的相关设施在各个方面均注重精细化和人性化设计（如图 2-32 所示）。如安全方面，每个房间都设有紧急铃与小区监控中心相连接；在房间设计上遵循无障碍原则，设有阳台，房内设置电磁炉过热自动断电功能，且每幢楼都设有护理站，并为老年人量身打造专属的健康计划。

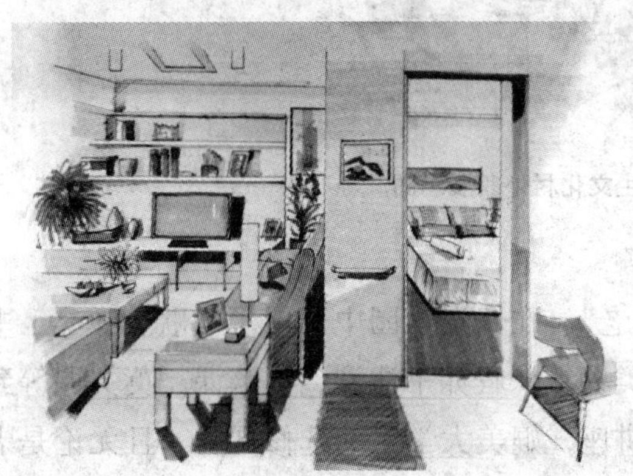

图 2-32 相关设施的精细化和人性化设计

（1）人性化的卫浴设计

卫浴中的马桶采用温控设计，给老年人带来温暖、舒适之感，同时马桶两侧还设有扶手，方便老年人起身；浴室内侧设置拉帘，将洗浴与洗漱分开，拉帘的设计能为老年人带来更大的行动空间，也方便护理人员进行操作，还能保持老年人的私密性，洗浴处还放有长座椅及扶手，保证老年人洗浴安全。人性化的卫浴设计如图 2-33 所示。

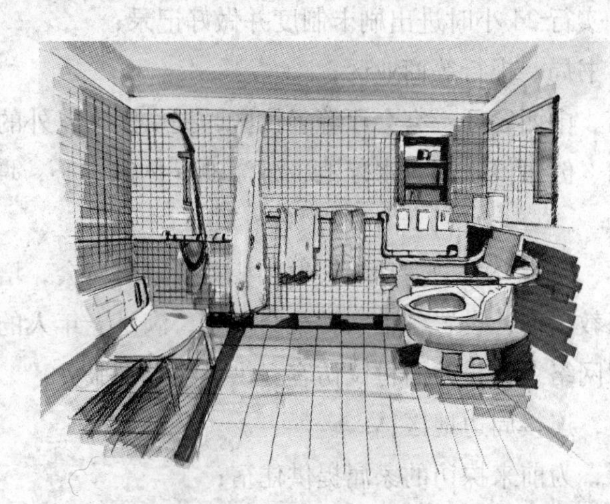

图 2-33 人性化的卫浴设计

（2）人性化的走廊设计

该设施走廊在宽度设计上比其他机构都要宽，主要是为了避免视觉空间上的逼仄感，还可以让使用轮椅及助走器（也称“助行器”）的老年人活动空间更宽敞，同时走廊墙面处装有扶手，保证老年人的行走安全。人性化的走廊设计如图 2-34 所示。

图 2-34　人性化的走廊设计

（3）特色步道系统设计

文化村特色步道系统设计不论刮风下雨都可以保证老年人每天的运动量，具体细节如下：

①和缓步道/低氧步道。铺面以高压水泥砖为主，坡度控制在12.5%以下，可供老年人使用。

②休闲步道/中氧级步道。铺面为刷石子，此步道所需运动量略大于和缓步道，坡度在 25%以下。

③休闲步道/高氧级步道。铺面为顶铸石板步道，适合运动量较强且体能状况良好的老年人使用，其间坡度变化较大，老年人可利用阶梯达到高氧活动。

④休闲步道/中至高氧步道。林栈延以斜坡及阶梯穿插，适合喜欢走楼梯的老年人使用，其间搭配木平台，除休憩外还可以亲近自然环境。

长庚养生文化村特色步道系统设计不仅解决了老年人因天气原因不能外出散步锻炼身体的问题，同时还保证了老年人每天的运动量。特色步道系统设计如图 2-35 所示。

图 2-35　特色步道系统设计

【思考·讨论】

★学习了我国台湾地区的适老化居住空间经典设计案例后，对你有什么启发？

★试着分析我国台湾地区长庚养生文化村适老化居住空间设计的优缺点，并说明理由。

【课后实训】

参照我国适老化居住空间经典设计案例，搜集查找国内其他适老化居住空间设计案例并进行调研、分析和总结，主要是从建筑外观、整体空间布局、养老理念模式、设备人性化、色彩材质应用、情感关怀等角度进行调研，完成调研分析报告。

第三节　国内外适老化居住空间设计案例分析总结

本节主要是对国内外适老化居住空间设计案例的特点进行总结，并借鉴国外适老化居住空间设计的优秀之处，为我国适老化居住空间设计提出合理化建议。

日本倍乐生小田急祖师谷养老中心注重组团式生活，营造居家氛围，营造“一旦进入设施，就等于是进了家门的感觉”的养老理念。建筑外观素雅，与日本平常住宅楼相似，有家的感觉，已达到弱化养老机构的目的；在空间布局上比较注重多样化功能分区；非常重视设备人性化以及色彩材质运用人性化；一体化服务，注重对老年人的情感关怀。我国的适老化居住空间设计可以学习借鉴日本的养老理念、设备人性化以及在色彩材质等方面的运用。日本倍乐生小田急祖师谷养老中心分析总结，如表 2-1 所示。

表 2-1　日本倍乐生小田急祖师谷养老中心分析总结

国家/城市	空间布局	养老理念	建筑外观	设备人性化	色彩材质运用	情感关怀
日本	在日本老年人居住的户型空间中可以看到明显的细分化；注重多样化功能分区	组团式生活，营造居家氛围	建筑外观虽普通但素雅，与日本平常住宅楼相似，有家的感觉，弱化养老机构	入口设置鞋柜；双扇推拉门代替平常的双重玻璃门；居室开关设计；浴室连续双向扶手设计；阳台门采用限位所	十分注重空间色彩及选材运用，如色彩选用暖色系营造温馨之感，材质运用如木质鞋凳、鞋柜，地面的小块瓷砖等与日本普通国家风格相似	营造家的氛围,让老年人感受到家的温暖；一体化的服务，如设置护理空间、沙龙空间、美发沙龙室等
	★★★★★	★★★★★	★★★★★	★★★★★	★★★★★	★★★★★

美国伊利诺伊州芝加哥市蒙哥马利之家注重营造社区氛围，弱化养老机构的养老理念。建筑外观形式丰富多样，以居住空间与户外活动空间为主，在建筑主体及其周边环境中注入了多样化的公共活动空间，为原本陈旧老式的建筑注入了新活力；在空间布局上确保公共活动空间的最大化，供老年人进行社区活动，丰富老年人的业余生活；非常重视设备人性化以及色彩材质运用人性化，提供给老年人一个温暖舒适的生活空间；居住环境好，注重对老年人的情感关怀。我国的适老化居住空间设计可以学习借鉴美国的养老理念、空间布局、设备人性化、色彩材质等方面的运用。美国伊利诺伊州芝加哥市蒙哥马利之家分析总结，如表 2-2 所示。

德国 Caritas-Zentrum 明爱中心养护院注重社区开放，强调养老机构与社区互动的养老理念。建筑外观简洁；在空间布局上划分明确；非常重视设备人性化以及色彩材质运用人性化；注重对老年人的情感关怀，设立临终关怀中心，其中玫瑰关怀间的设计，为那些即将进入生命旅途最后一站的老年人提供照护，减轻其痛苦；临终单人间中，卫生间的镜子可自由调节角度，使老年人在临终前照镜子不会因看到自己苍白憔悴的脸而心生害怕。我国的适老化居住空间设计在情感关怀方面可以学习借鉴德国的临终关怀服务。德国 Caritas-Zentrum 明爱中心养护院分析总结如表 2-3 所示。

表 2-2 美国伊利诺伊州芝加哥市蒙哥马利之家分析总结

国家/城市	空间布局	养老理念	建筑外观	设备人性化	色彩材质运用	情感关怀
美国	一层空间确保了公共性最大化，除保留少量必要的后勤用房外，全部作为公共活动空间面向老年人开放；设置咖啡厅、图书室、棋牌室、活动室、大起居室、花园景观室、小礼拜堂等公共活动空间供老年人进行社区活动，丰富老年人的业余生活	营造社区氛围	外观形式丰富多样，以居住空间与户外活动空间为主；在建筑主体及其周围环境中注入了多样化的公共活动空间，为原本陈旧老式的建筑注入了新活力	桌子等都使用圆角设计，避免因桌角等过于尖锐对老年人造成伤害；从老年人的心理需求出发，结合老年人的体能情况，注重标识、扶手、盲导线、开关等方面的设计	整体以暖色调为主，灰色与砖红色辅助，带给老年人舒适宜人的温馨感受，提供给老年人一个温暖舒适的生活空间；室内居住环境选材以最贴近自然的木材以及质朴的布艺、海绵、皮质为主，带给老年人亲切之感	使老年人有一个好的居住环境，如提高空气质量、以自然采光为主、保持通风等，每天看到这些景色会促使老年人的心情变好，利于其身心健康发展
	★★★★★	★★★★★	★★★★	★★★★	★★★★★	★★★★★

表 2-3 德国 Caritas-Zentrum 明爱中心养护院分析总结

国家/城市	空间布局	养老理念	建筑外观	设备人性化	色彩材质运用	情感关怀
德国	该建筑一层为公共空间,包含餐厅、厨房、小教堂、社会救助站及部分出租办公用房等；二层为护理中心；三层为公寓；四层为临终关怀中心及公寓	社区开放式，强调养老机构与社区互动	建筑外观简洁	墙面两边均布置电源点位，可以调整护床板整体以调整床的摆放方向；设置单人沙发，为亲属探望提供休息的地方	临终单人间灯光采用照明及氛围灯光，可调节颜色，营造温暖氛围；以艺术玻璃为媒介，通过光与色彩的艺术来震人心魄，使人在精神上产生共鸣	设立临终关怀中心，其中玫瑰关怀间的设计为那些即将进入生命旅途最后一站的老年人提供照护，减轻其痛苦；临终单人间中卫生间的镜子可自由调节角度，使老年人在临终前照镜子不会看到自己苍白憔悴的脸而心生害怕
	★★★★★	★★★★★	★★	★★★★	★★★★★	★★★★★

北京有颐居中央党校养老照料中心注重医养结合，包括全托、日托和上门服务三种服务类型，为老年人提供多元服务养老理念。建筑外观古朴；在空间布局上，功能区划分较为单一，可借鉴参考日本、美国、德国等空间布局，注重营造社区氛围，弱

化养老机构，给老年人一种家的感觉，也可借鉴我国台湾地区通过丰富的多元活动及兴趣课程丰富老年人的生活；在情感关怀上应将唤起式、诱发式的设计融入空间的氛围营造中，使老年人与空间产生互动，引发老年人积极地开展行动并主动与他人进行交流，唤起老年人的美好情感与回忆，可借鉴美国、德国、日本等在情感关怀上的设计。北京有颐居中央党校养老照料中心分析总结，如表 2-4 所示。

表 2-4　北京有颐居中央党校养老照料中心分析总结

地区	空间布局	养老理念	建筑外观	设备人性化	色彩材质运用	情感关怀
北京	分为养老照料中心和社区卫生服务站两个部分，在竖向功能布局方面对此进行考虑：首层和地下一层用作社区卫生服务站，二层和三层是养老照料中心，两者共用一个门厅，通过门厅的医养分隔门划分出不同的进出流线	医养结合，包括全托、日托和上门服务三种服务类型，为老年人提供多元服务	建筑风格古朴	走廊扶手采用双侧扶手设计，保证扶手的连续性，确保老年人的安全；在走廊部分设置小夜灯，保证老年人的夜行安全；前台的低位服务台边上设置了小沙发为老年人在前台咨询提供休息的地方；还在其他可能需要休息的地方也设置了沙发；准备了浴凳供老年人坐浴；以排水篦子代替门槛解决排水的问题，在满足了轮椅的无障碍需求的同时，也避免了因门槛的高差变化引起老年人跌倒的风险	色彩以淡雅简约为主，材质采用木质及海绵，给人温馨自然之感	为促进老年人很好地锻炼身体，预防老年失智症，设施安排了富有特色的游戏活动，使老年人在活动中锻炼自己的能力，保持身体健康
	★★★	★★★	★★	★★★	★★★★	★★★

郑州光大欧安乐龄养老中心根据老年人情况量身定制“养老、护理、度假养生”为一体的养老、护理服务，为每一位入住的老年人提供安心、贴心、温馨的颐养家园和丰富多彩的乐龄生活体验，切实从老年人需求出发；建筑外观为花园式建筑风格，环境优美；也非常重视设备人性化以及色彩材质运用人性化，提供给老年人一个温暖舒适的生活空间。郑州光大欧安乐龄养老中心分析总结，如表 2-5 所示。

表 2-5　郑州光大欧安乐龄养老中心分析总结

地区	空间布局	养老理念	建筑外观	设备人性化	色彩材质运用	情感关怀
郑州	分为居家养老、文化活动、乐龄护理、养生家园等区域	以“养老、护理、度假养生”为一体的养老、护理服务，为每一位入住的老年人提供安心、贴心、温馨的颐养家园和丰富多彩的乐龄生活体验，根据入住的老年人不同的身体状况、个人情况制定不同的照护级别，并提供分级别的服务内容	花园式建筑风格，环境优美	设置养生双人套间和医养单人套间，满足老年人的不同需求，同时在床头安装了紧急呼救器，方便老年人在遇到危险时及时呼救；柜子上安装了双向扶手，方便老年人开关柜门；卫生间的马桶旁也安装了扶手，方便老年人起身；将浴室喷头安装在适当位置，方便老年人调节水温，同时在喷头下方安装扶手与座椅，方便老年人洗澡，保证老年人的安全；距离开门处的墙面也安装扶手，防止老年人滑倒	厨房、客厅的色彩均采用暖色系，带给老年人一种家的温馨舒适之感；客厅及厨房等材质大都采用木质，给老年人一种自然亲切之感；地面选用防水、防滑等铺装材料	床头安装紧急呼救器，方便老年人在发生危险时及时呼救
	★★★	★★★★	★★★★	★★★★	★★★★	★★★

成都万科幸福家智者公寓注重医养结合，不仅向老年人提供日托、全托及病后看护理疗、居家看护等服务，也提供医疗、康复、膳食、家政和跑腿等各种服务，不足之处是没有弱化机构形式，不能给老年人带来家一般的温暖。在空间布局上，功能区划分明确，但是比较单一，可借鉴参考日本、美国、德国等空间布局，注重营造社区氛围，弱化养老机构，给老年人家一样的感觉；在情感关怀上同样应将唤起式、诱发式的设计融入空间的营造当中，使老年人与空间产生互动，引发老年人积极地开展行动并主动与他人进行交流，唤起老年人的美好情感与回忆。成都万科幸福家智者公寓分析总结，如表 2-6 所示。

我国台湾地区长庚养生文化村提倡“活到老、学到老”的养老理念，通过丰富多元的日常活动及各类兴趣课程丰富老年人生活。建筑外观简洁、现代化；空间布局功能划分明确；非常重视设备人性化以及色彩材质运用人性化，提供给老年人一个温暖舒适的生活空间；注重对老年人的情感关怀，建立特色步道系统设计，就算是刮风下雨，老年人也可以在走廊散步，而走廊的长度至少可以走 30 分钟而不会重复，从而保证老年人每天的运动量。我们在进行适老化居住空间设计时，可以借鉴台湾地区的养老理念、情感关怀等。我国台湾地区长庚养生文化村分析总结，如表 2-7 所示。

表 2-6 成都万科幸福家智者公寓分析总结

地区	空间布局	养老理念	建筑外观	设备人性化	色彩材质运用	情感关怀
成都	分为居住空间、公共活动场所	医养结合，提供日托、全托、病后看护理疗、居家看护以及医疗、康复、膳食、家政和跑腿等各种服务	建筑风格简约，现代化	入口电梯旁设置沙发，椅子扶手做了圆弧处理，避免老年人发生伤害、磕碰等情况；坐垫经特殊处理，比一般海绵稍高，扶手处设置有卡槽，方便老年人放置拐杖；扶手平面，方便老年人起身；电磁灶作为加热工具；柜门拉手选型及安装合理；活动频繁场所如马桶、淋浴间等均安装了扶手，且水平与垂直扶手相结合；顺畅的推拉门，门添加阻尼回弹功能，防止老年人被夹伤或产生碰撞	色彩偏暖色系，材质采用以木质为主，给老年人一种亲切自然之感；地面采用防水防滑铺装材料	给老年人佩戴智能手环，对老年人身体进行检测；安装应急呼救系统，保证老年人安全
	★★★★★	★★★★★	★★★★	★★★★★	★★★★★	★★★★★

表 2-7 我国台湾地区长庚养生文化村分析总结

地区	空间布局	养老理念	建筑外观	设备人性化	色彩材质运用	情感关怀
中国台湾	分为居住区、银发学园、活动中心、动力中心、景观步道、护理之家、污水处理厂、户外自然园区、中央厨房、联外桥梁等区域	“活到老，学到老”的养老理念，丰富多元的日常活动	建筑风格简约，现代化	房间设有紧急铃直通小区监控中心，有独立阳台，房内设置电磁炉过热自动断电系统，可做简单煮食；每幢楼都设有护理站，并为老年人量身打造专属的健康计划；卫浴中的马桶采用温控设计，马桶两侧还设有扶手，方便老年人起身；门内侧还同时设置了拉帘，保持老年人的私密性；洗浴处还放有长座椅并安装了扶手，保证老年人在洗浴时的安全；建筑内的走廊宽度较宽，方便老年人漫步；特色步道系统设计	色彩偏暖色系，材质采用木质为主，给老年人一种亲切自然之感	特色步道系统设计，走廊的长度至少可以走30分钟而不会重复，从而保证老年人每天的运动量
	★★★★	★★★★★	★★	★★★★	★★★★	★★★★★

第四节　本章小结

综上所述，我国适老化居住空间设计应注意以下几点：

（1）空间布局设计。学习国外的多功能分区，结合功能布局，合理分散人流；切实地从老年人的心理需求、健康需求出发，增添社区功能（图书馆、沙龙空间、棋牌室、咖啡厅、音乐厅、活动室等）且相对独立，有明确的出入口，增添业余兴趣，使得老年人晚年生活不孤单，享受周到贴心的一体化服务；开发更多景观元素，为老年人创造优美的居住环境；房间入口合理设置玄关，给老年人留有更多的私密空间。

（2）养老理念。学习日本组团式生活，营造居家氛围，营造“一旦进入设施，就等于是进了家门的感觉”，从老年人心理出发，弱化机构形式，带给老年人家的温暖；学习美国、德国经典案例营造社区氛围，从老年人心理出发，为其增添社交活动，使老年人不会感到孤独，能够度过愉快的晚年；学习我国台湾地区“活到老、学到老”的养老理念，通过丰富的多元活动及兴趣课程来充实老年人的生活。

（3）建筑外观。从日常生活行为出发，建筑外观造型简洁，色彩材质带给老年人温馨之感，与平时住宅相似，弱化机构形式，给老年人一种回家的感觉，平衡老年人因子女不在身边而独自居住养老院所产生的心理落差。

（4）设备人性化设计。应从老年人心理、生理出发，从日常生活的行为出发，在入口、走廊、客厅、卧室、卫浴、厨房以及活动中心的设计中应充分考虑老年人的心理生理需求、行为方式需求。例如，在入口处设置鞋柜，仿照家庭模式，弱化机构形式，使老年人一进门就如同回自己家一样；还有浴室连续的双向扶手设计，防止老年人洗浴时滑倒；阳台的限位锁设计，避免失智症老年人发生危险等；还可以在墙面两边均布置电源点位，调整护床板整体以调整床的摆放方向；设置单人沙发，为探望的亲属提供休息之所。

（5）空间色彩材质应用。整体以暖色调为主，带给老年人舒适宜人的温馨感受，提供给老年人一个温暖舒适的生活空间；室内居住环境选材以最贴近自然的木材以及质朴的布艺、海绵、皮质为主，带给老年人亲切之感；地面采用防水防滑铺装材料；居室灯光采用照明及氛围灯光装置，可调节颜色，营造温暖氛围，可根据老年人的心理变换不同的色彩，通过色彩辅助调节老年人的情绪。

（6）情感关怀。在适老化居住空间中融入“情感关怀”，从老年人的心理、生理出发，将唤起式、诱发式的设计融入空间的营造当中，使老年人与空间产生互动，引发老年人积极地开展行动并主动与他人进行交流，唤起老年人的美好情感与回忆。除了满足老年人的正常生活起居功能外，还要更加注重老年人的身心健康，使他们在适老化居住空间中能更好地进行休养[1]。增加一些特色的游戏活动，使老年人的晚年生活丰富多彩；采用智能化的服务设计，使得看护人员以及老年人的子女可以进行联通共享，让子女在第一时间了解到父母的最新情况；可设置一些特色的功能区域，例如临终关怀中心，为那些即将走进生命旅途最后一站的老年人提供照护，使他们减轻痛苦，温暖人心。

① 黄婧. 国内外康养建筑空间设计的比较研究［D］. 秦皇岛：燕山大学，2016.

第三章 适老化居住空间的特点与需求

随着老龄化社会的到来，老年人的健康状况和生活质量越来越受到人们的关注和重视，关于老年人健康状况的研究成果也越来越丰富，我国老年人的生活状况也在近年来越发受到社会的关注。

目前我国的养老形式多是以居家养老为主，于是住宅区便成了老年人主要的生活中心。老年问题关系到每一个家庭，影响千家万户，对于社会各阶层都有很大的影响。对老年人来说，谁都喜欢在一个舒适、安全、方便的居住环境里享受晚年生活。但是，现代的适老化居住空间设计已不能满足老年人对于养老生活的要求。因此，改革和创新适老化居住空间，并赋予其新的内涵迫在眉睫。从老年人的心理与生理方面进行分析，对室内无障碍居住环境设计应当尽力让老年人感觉生活舒适如意，心情舒畅。老年人居住在安逸舒适的环境中，能更好地体会到老有所乐的情趣。

第一节 老年人的生理特点与居住环境需求

老龄化的状态对老年人的生理需求、心理需求和社会影响需求等方面都产生了一定的变化，各方面的变化影响着老年人的感知系统、判断能力、行为能力和理解能力。随着年龄的增加，老年人的感知系统如听、说、读、写、看等基本能力都发生退化。在疾病的困扰下，老年人的中枢神经系统及骨骼、肌肉等身体机能的变化明显，极大地限制了老年人的活动空间，使老年人克服环境障碍的能力变弱。

一、老年人身体机能减弱的表现

老年人身体机能减弱的表现主要有：

（1）感知系统的变化。老年人的听觉和视觉能力下降，对于周围环境的感知能力减弱。

（2）中枢神经系统的变化。因老年人神经系统中的脑细胞减少而造成老年人记忆力衰退和思考能力降低等变化。

（3）肌肉及骨骼系统的变化。老年人肌肉的变化表现在力量的强度及控制能力的减弱，导致身体活动不那么灵活；老年人的骨骼也随年龄的变化而出现变脆的现象。

（4）环境适应能力的变化。老年人新陈代谢减慢，对周围环境的温度变化、湿度变化的反应不太敏感，适应能力减弱。

在适老化居住空间的设计中，想要准确地测量数据是挺困难的，因为某些人群的国家不同、职业不同甚至民族不同都会给群体的特殊空间人机尺寸依据带来难度。根据最新老年人的人体尺寸报告显示，随着年龄的增长，老年人的身高、体能等身体机能会明显变弱。据分析数据对比发现，年龄同体重与体围呈相反的数值表现，如20周岁男性的身高达到最大值后，随着其年龄的增长，身高值会逐渐变矮，即65周岁男性老年人比20周岁男性青年的身高大概减少4cm，体重大概增加6kg；相对来说，65周岁女性老年人比20周岁女性青年的身高最大能减少6%，体重增加约10kg。根据身高、体重的分析数据结果显示，适合老年人居住环境的家庭用具一定要充分考虑老年人身体结构的特点。如表3-1所示，根据国内外研究数据的综合分析，结合调研测量推断出不同年龄段老年人的生活能力情况，应及时设计建立老年人人体尺度模板，并为适老化居住空间设计提供依据，设计出更加安全、方便、舒适的适老化居住空间。

表3-1　老年群体的分类

年龄阶段	生活能力	身体基本情况
低龄老年人	自理型老年人	50~57周岁，身体各项机能随之减弱
		58~67周岁，有一定参与社会活动的能力
中龄老年人	介助型老年人	68~77周岁，在一般情况下生活可以自理
高龄老年人	介护型老年人	78~89周岁，约50%的老年人需要他人照顾

二、老年人居住环境需求

1. 安全性设计原则

老年群体居住的住宅环境，应充分考虑他们所需的安全感及舒适感。因老年人的骨骼、肌肉等身体机能发生了变化，腿脚动作逐渐不灵活，所以在住宅设计的地面铺装方面应考虑使用防滑材料，尽可能使每个功能区域间没有高低落差；在卫浴空间内需安装辅助站立、坐卧的设施，最好使用推拉式的门，方便开拉。由于老年人身体机能的老化，视听能力减退，行动力下降。因此，居住室内最好安装应急设备，方便在紧急、危险的情况下发出警报，能够使老年人及时得到救助。

老年人的人身安全十分重要，在养老的居住环境设计中，我们必须首要考虑设计中的安全性。在进行整体的居住空间设计时，要充分考虑家具设备的安全性和易操作性，如门窗设计的易操作性、家电的安全性等；同时，在设计中要加强安全防范措施，如地面防滑的设计以及卫浴空间扶手等设置，使老年人在室内活动的可到达性的安全系数提升，更加方便老年群体的行为习惯和身体特征。

2. 健康性设计原则

老年人随着年龄的增加，身体各项机能也在慢慢降低，免疫能力变差，还有一些老年人存在严重的疾病，更加需要人们的爱护与关心；同时，伴随着身体机能的变化，老年人的心理机能特征也发生着变化。因此，健康问题已经成为老年人最主要的心理特征，也是老年人自身非常关注的问题。住宅周边应有大型的医疗机构，住宅区内也有针对老年人的保健和急救设施，如配合慢性病治疗的基础服务站。由于老年人的体质较弱，反应也较为迟缓，身体状况与年轻人相比较差，在房间中极易受到伤害。所以设计中要把安全作为第一前提，在台阶、卫生间、地面、扶手、墙面突出物等有安全隐患的部位做到妥善处理。

针对我国老年人现状，尤其是一些刚刚退休的老年人，并没有繁重的家庭压力，身体健康良好，他们对于晚年的生活品质有着很高的要求，业余生活也非常丰富。因此，老年人对于住宅建设的要求比较多，不仅追求高品质的居住环境，还需要促进老年人与他人之间的沟通交流，让老年人能够真正抒发内心的情绪，尽可能缓解老年人的心理落差。在住宅设计中，老年人的健康卫生状况最为重要，要注意使老年人的生活空间如起居室、厕所、浴室、厨房等能够方便他们打扫，应使用简单易清洁的材料。

老年人在室内活动的时间相对较多，室内居住环境设计应多考虑日照、通风及采光等问题，且应使用一定的隔音材料以保证室内环境的清净。此外，老年人的体能组织抗寒耐热性都有所变化，需要在居住房间的设计中多考虑室温改变和居住卧室的朝向等方面。居住环境的周边环境建设也特别重要，要创造一个与老年人健身娱乐有关的健康绿色环境，特别是可供他们休闲散步的绿色环境，如有休闲散步的绿道，有休闲娱乐的设施，还有与青年人和孩子嬉戏的共同空间等，从而更便于老年人与他人之间的交往，为老年人身心健康、安度晚年创造更加有利的居住条件。

3. 无障碍设计原则

无障碍设计强调在科学技术高度发展的现代社会，必须充分考虑老年人的使用需求，配备能够满足老年人身体状态的服务功能与装置，营造一个充满爱与关怀以及切实保障老年人安全且方便、舒适的现代生活环境。如在室内及过道空间设计上考虑轮椅的使用问题，针对有行动障碍的老年人应在室内活动区域设置扶手；针对有视觉障碍的老年人，要保证室内空间的明亮，对一些需醒目提示的图案等需使用清晰易辨的颜色；针对有听觉障碍的老年人，要采用隔音好的门窗，尽可能地用吸音系数较高的装饰材料以降低噪音，减少噪音对于老年人的影响。室内场地的设计应注意平坦无落差，地面注意防滑设计等。

在老年群体的室内空间设计中，考虑可以使用不太复杂的分离系统设计，即考虑到未来老年人的视觉能力和听觉能力会有所下降的现象，也可以保证空间的灵活可持续发展性。最好将客厅与饭厅、饭厅与厨房保持连续的空间，这样连续的空间有助于促进住宅的互通性，使老年人活动连贯。针对他们生活的方便性确实需要关注的问题，如大的卧室空间和小的卧室空间会使老年人的活动空间受到限制，他们大多喜欢在大的空间频繁活动，应在墙上设置扶手以便老年人在此活动时能得到适当的辅助，也可通过对走廊进行设计，使其具有一定的连贯性，以此达到让老年人适当锻炼的目的；反之，对于小的空间要注重细部的无障碍设计，在装饰材料的使用、结构的巧妙运用及色彩的均匀处理等方面都要考虑老年人所能承受的适当范围，以确保老年人在此空间活动的安全性及舒适性。具体居住空间无障碍要素设计从以下几点体现：

（1）进门空间。进门的门锁使用智能指纹门锁，可减少传统门锁的开启步骤，也可防止老年人记忆力退化而造成的忘记带钥匙或忘记密码等情况。

（2）智能感应装置系统。智能感应装置系统有必要放置在有一定视觉障碍的老年人所居住的空间中。在特定的地方放置智能感应装置，如在转角处放置智能感应发声装置，以此让有一定视觉障碍的老年人知道自己所处的位置，帮助其更好地去感知世界。

（3）卫浴空间。卫浴空间内部设计要设置无障碍的助力设备，以便不同体能的老年人都能正常使用卫浴设备。从地面铺设到马桶、浴室旁的扶手都要使用防滑材料；卫浴空间内应设置报警器，以便老年人在洗澡的时候出现不舒服等症状时能够及时通知家人。考虑到老年群体的特征，马桶的安装高度应在43~50cm为最佳，方便其下蹲；洗漱台的高度则应该在75~85cm。但如果有坐轮椅的老年人需要使用洗漱台，则洗漱台的高度应该在65~75cm，并且洗漱台下面的进深空间应该较大，以方便轮椅进入。

（4）储物空间。储物空间的深度应设计的小些，方便老年人伸手拿取物品，并且储物的高度界面也应严格按照老年群体的物理技能特征设置，尽可能的方便、安全。

第二节　老年人的心理特点与居住环境需求

伴随着年龄的增长，老年人的生理与心理方面都发生着变化，使他们对居住、生活环境等诸多方面产生了特殊的需求。老年人适老化居住空间设计就是要帮助老年人提高生活环境质量，满足其生活出行的需求，尽可能减少生活环境带来的负担。人本主义的心理学家亚伯拉罕·马斯洛（Abraham H. Maslow）在 1940 年提出的需求层级理论中认为，人类的需求主要分为五个层次，它们由低到高依次是生理需求→安全需求→社交需求→尊重需求→自我实现需求。这五个层次的需求都是低级需求得到满足后，高一级的需求就变得迫切起来。将马斯洛的五个层次的需求运用于适老化居住空间的设计分析，可以清楚地找出老年人对适老化居住空间的不同需求层次。

一、老年人的心理特征

人进入老龄态，心理特征会变得非常复杂。老年人不仅会在生理方面发生很大变化，在心理方面也会有很大变化。老年人的心理特征主要表现在以下几个方面：

（1）孤独寂寞感。老年人退休在家后，子女多无法成天陪伴，加之他们自身的感知能力退化，对比工作时的忙碌，突然的清闲会使老年人产生明显的孤独感和寂寞感。

（2）失落挫败感。对于退休、离休的老年人来说，一旦他们退休或离休，则基本的生活模式就由工作变成了休息，活动范围也由工作单位变成了家庭。这种变动对他们心理影响很大，他们习惯性怀念工作环境，思念工作中的朋友与同事，如若在生活中找不到别的精神依托，内心难免会生出失落挫败感。

（3）自卑矛盾感。老年人退休后的社会地位由“不可缺少”变为“无足轻重”，社会角色由社会事业人士变为归家老年人，有的老年人会觉得自己没了社会价值，因而产生“老而无用”的消极情绪。这种不良的情绪，往往会对他们造成心理上的压抑感、矛盾感和自卑感。

（4）抑郁浮躁感。归家老年人的情绪易波动，有些老年人对于事物期待值越高，情绪受影响指数越低，这也促使了老年人的情绪更易自卑、易激动、易孤僻固执等。因此，对于老年人来说，对待生活及事物要求不能太高，要保持个人情绪的稳定。

二、老年人的心理需求

老年人的身体机能、经济状况、社会位置等变化都会影响他们的心理需求，与其他群体相比较，这样的影响更容易减弱老年群体对环境的适应能力，因而他们大致有以下的心理需求：

1. 交往需求

交往是老年人极其重要的需求。老年人退休在家，人际关系产生变化，朋友减少；多数老年人退休后深居简出，社会消息不互通，从而导致有些老年人产生空虚、无聊的心理，严重的还会感到抑郁。因此，老年人比年轻人更加需要与人交往。

老年人需要保持与子女的联络，需要与社会邻里进行往来，社会对于老年人的社会交往关怀至关重要，也是老年人对“老有所依、老有所乐”的需要。老年人对于亲情的需要无论是从生活上还是物质上都十分渴望，他们最需要的是与子女及亲戚间的亲密交流。针对老年人需要交往、交流的需求，在居住类型、公共空间等居住环境设计中要充分体现出感情的真实需求，做到面面俱到的服务设计。

2. 安全感需求

安全是老年人最基本的需要，由于老年人的身体机能下降，行为意识与动作不协调，所以有比过去更强烈的安全要求。安全需求是需求金字塔的第二层需求，比生理需求要高一级，当生理需求得到满足以后就要保障这种需求。老年人在现实生活中对于安全感的追求会更加强烈，尤其是在居住空间的设置方面，老年人应有属于自己的独立居住空间环境，满足其安全性和私密性的需要。例如，室内、室外空间有高差的地方要设置坡道、设置扶手；居住环境的空间地面要防滑；居住楼层不宜太高，以便于老年人进出和下楼活动，有条件的最好安装电梯，且电梯内也应安装扶手；老年居住环境的家具选择一定要符合老年人的人体尺度需求，家具的形状、材料都应充分考虑老年人的使用安全要求，且选择的家用电器要考虑操作简单、使用安全等。

3. 归属感需求

老年人需要得到别人的尊重，想要让他人接纳自己，并且得到群体组织的认可。满足老年人需要自我尊重的需求以及需要自我实在价值、能够体现能力的多方感觉，这些需要一旦有所追求就会产生推动力，有不断的信念需要去完善；反之，这些需要一旦受阻，就会使他们产生自卑情绪、无能虚弱感。对于老年人来说，被尊重是至关重要的，他们对于他人的看法比较敏感，自尊心强，特别需要被尊重。这种尊重也往往会延伸到老年人的自身修养及自我身型、穿衣打扮等方面。现代社会是与时俱进的时代，老年人需要“活到老，学到老”，在自身精神需求得到满足的同时，学会照顾自己，不被社会抛弃，树立新时代老年人的精神面貌，表现自食其力的自立态度。

因此，在进行适老化居住空间设计时，设计师一定要考虑老年人的学习需求，向其提供有效的学习空间，并选择合理的学习用品。随着社会科技的发展以及网络时代的到来，老年群体所学的内容也变得丰富多彩，适老化居住空间设计也应该看到未来发展方向的这些可能性，并推出积极的应对措施。此外，适老化居住空间设计要多方面地满足老年群体居住的无障碍设计，使老年人通过完善的居住环境设计让自己可以更好地独立生活。

4. 娱乐需求

老年人的娱乐需求往往与交往需求、社会需求、健康需求相统一、相结合。常规的娱乐需求多为看电视、看电影、打桥牌、打麻将、听音乐、唱歌跳舞、钓鱼等，老年人通过这些传统的娱乐方式加深了自己与他人之间的交流。这些娱乐项目不仅有着深厚的文化，还有着浓厚的历史背景，老年人聚在一起快乐地度过晚年生活，也是十分惬意的事情。如今，在科技时代环境下，老年人的娱乐项目也有很多智能化的产品。因此，在整体的适老化空间环境设计中，还是要考虑老年人本身的特点和需求，结合个体特征，匹配适合老年人交往的娱乐需求设计。

5. 其他需求

在满足了交往需求、安全需求、归属感需求及娱乐需求后，还有最高等级的需求——自我实现。自我实现就意味着能够使自己有一定的成就感，为了追求一定的目标而充分、活跃地参与工作，把工作当作一种有趣的创作活动，能够成就自我的人生目标，实现自己的抱负。满足这种需求就要求完成与自己能力相称的工作，最充分地发挥自己的潜在能力，成为所期望的人物。这是一种创造的需要。老年群体也希望能够在晚年时光发挥自己的潜能和余热，为社会做一些能够实现自身价值的事情，也能够在追求个人兴趣爱好的过程中，得到成功的感受及内心的满足感。

老年人的养老居住环境，应为老年人实现自身价值创造条件。规划中既要考虑老年人居住的私密性和舒适性，也要为老年人发挥余热创造可能性。

老年人基本心理需求层次，如图 3-1 所示。

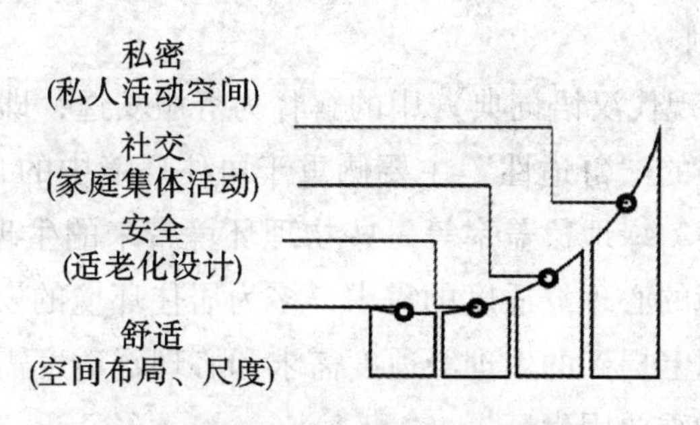

图 3-1 老年人基本心理需求层次

三、老年人的居住需求

许多老年人同儿女分居，极易造成在情感上的缺失，尤其是当老年人退休以后，迫切希望与他人进行交流以求得心灵上的平衡。所以在空间设计中更要体现人文关怀，充分满足老年人的心理需求。

1. 以人为本的原则

适老化居住空间设计的主体人群为老年人，因此在整体的环境设计中应以老年人的需求为出发点，充分结合老年人的生活习惯、行为特点及心理分析等方面，本着“以老年人为核心”的设计思想，设计出符合老年人需要的健康、安全、方便、舒适的生活环境，并能建立最大满足老年人需求的适老化设施，尽最大努力展现出惬意的居住环境。在适老化居住空间设计中，应充分考虑老年人的需求和喜好，基于人性化的原则，开展一系列的设计研究。首先，作为老年人的居住空间，更多承载的是生活的功能，要重视卧室和客厅在设计中的地位，做到在卧室、客厅的布局上重视老年人的使用方便性和安全性。其次，需结合社会发展趋势，运用智能家居提高整个居住空间的科技含量水平，提前设置相关的数据，降低老年人的操作难度。对于老年人身体部位出现的不同机能的退化，结合安全性、健康性和实用性等多方面进行针对性设计，做到重点突出和实用性强，且为将来的改造预留空间，能够较好地适应老年人在不同年龄段产生的生理变化和心理变化。

适宜老年人居住的室内设计应该设身处地地为老年人着想，从设计中体现出对老年人无微不至的关怀，如从日常起居的家具设施和环境需求的配套设施入手，使人性化设计思想贯穿整个设计过程。在设计过程中还应注意一些细节问题，如清楚的方向标志系统，可为记忆力退化的老年人提供方便；私密的空间预留，可为老年人提供不被干扰的专属空间；可选择性的社会交往空间，应为老年人充实晚年生活服务，减少孤独感，增强人文关怀。

2. 舒适安逸的原则

“舒适”一词在《现代汉语词典》中的解释为舒服安逸，即在身体和精神上感到轻松愉快。居住环境中的“舒适性”主要侧重于居住环境中的日照时长、通风情况、空气质量、水的干净度、绿地覆盖率等一些物理环境带来的生理上的“舒适性”；而针对老年群体生活环境的心理舒适度的需求，多为居住环境的安全性、方便性、归属感、识别服务性等。以上提到的生理舒适度需求和心理舒适度需求，都是影响适老化居住环境整体舒适度的重要因素。

老年人身体各项机能都在下降，如生活在陌生的环境中，那么生活环境的舒适性是十分重要的。在对适老化居住环境的设计中，要使居住环境的设计具有一定的地方传统特色，像是熟悉的往日生活的延续，使老年人不再感到陌生，有居家的舒适感；同时，注重声音、光线等细节尺度的设计，极大地方便了视力与听力减弱的老年人活动，这样可以使老年人处处感到方便和愉快。总之，在适老化居住空间的设计研究中，要充分考虑老年人的身心健康和基础安全，在此基础上实现老年人的交往关怀、沟通需求等，尽可能地为其营造出居住空间整体环境的舒适性。

【思考·讨论】

★适老化居住环境中所需的舒适因素有哪些？请举例说明。

第三节　老年人的生活习惯与居住环境需求

随着年龄的增加，老年人的生理和心理都产生了变化，他们在社会变化的大环境中对居住环境设计的许多方面都有些许特别的要求。在生理变化方面，老年人的身体各种机能都在减弱，设计的行为空间和具体设施需针对老年群体丧失的机能特点，以及时增强和锻炼他们的能力；在心理变化方面，老年人害怕孤独、寂寞，更需要多与亲人、朋友、同事及邻居进行沟通交流，从中找到关怀、慰藉、互助的点；在整体的社会环境方面，老年群体所在意的老有所为、老有所乐、老有所学、老有所养、老有所医等需求都需要在适老化居住空间设计中体现出来。

一、老年人的居住行为特点

重视和理解老年人的心理需求和生理需求，设计出满足老年人需求的空间环境，对提高老年人的晚年生活质量有着重要的意义。如人一旦进入老龄化阶段，从主要的工作岗位退回家居生活，会感到不习惯，觉得没有了自我价值而产生消极的生活态度。如何让老年人在居住环境中产生老有所依、老有所靠的舒心感受尤为重要，是设计师需要深入思考的问题。

随着老年人的身体机能逐渐老化，器官功能也逐步衰退，动作迟缓、反应减慢，他们的运动时间不宜过长，不便做过于激烈的运动；视力逐步下降，对色彩的感知能力不灵敏，对环境易产生隔离感和疏远感。这样就会引起老年人的心理焦虑，对生活恐慌，心情也会跟着受影响。一般来说，在针对老年人的居住环境进行设计时，都应从生理角度和心理角度出发，共同满足老有所依、老有所靠的设计需求。达到这一目标，会使老年人从周围环境中就能找到老有所为、老有所学和老有所乐的关怀感受。

二、老年人的生活习惯特点

作为老年人的居住空间，更多承载的是生活的功能。因老年人的身体状况与年轻人不同，所以在房间的配套设施方面也应该贴合老年人的实际使用习惯及需求。根据老年人的身体状况实际需求，设计标准与常人相比应有大幅度的改变，在房间的配套设施方面应贴合老年人的实际使用习惯及需求。如厨房的台面高度、灯光高度等要符合人机工程学原理；卫生间的台面高度、灯光高度等要符合人机工程学原理，并适当做出改进及优化；注意空间设施、色彩、软装等方面给老年人带来的直观感受；在对客厅、阳台进行设计时，应尽可能满足老年人的爱好需求。

老年群体对于居住环境的设计要求比较多，设计师在对老年人的居住环境进行设计时，不仅要考虑居住环境的高品质要求，在住宅社区内配备一些娱乐设施，为老年人的休闲生活提供方便，还要懂得如何促进老年人与他人之间进行沟通交流，让老年人能够真正抒发内心的情绪，尽可能缓解老年人的心理落差。人一旦步入老龄化，心理是非常敏感的，老年人常常会注重别人对自己的看法，更希望得到应有的尊重。老年人与年轻人相比，在生活规律方面存在着很大的差异。老年人有着充足的业余时间，也不需要按部就班地工作，他们往往会到小区休闲场所或是周围的公园中，与其他老年人一起下棋、跳舞、谈心等。而且，老年人并没有太多的睡眠时间。

三、居住设计要素需求

老年人对居住环境的审美需求大都是通过视觉感官来实现的，室内居住空间中的视觉要素主要包括空间中的色彩、光线和材质。同时，当今科技发展的时代下，信息

技术对于居住空间设计的影响也至关重要，老年人的安全、舒适等需求都可结合智能化发展途径进行实现。

1. 色彩要素

居住空间的色彩对人的生理和心理健康影响都比较大，老年人在面对不同的色彩时，也会产生不同的情绪，所以为了满足老年人对色彩的需求，在起居室、客厅、卫生间等空间进行色彩搭配时，则需要进行考究。如起居室的色彩应符合老年人的审美要求，且老年人多有怀旧心理，所以应侧重于古朴、平和的室内色彩，让老年人感到轻松随和、舒适宁静。在我国老年人的喜好中，大多是喜欢用暖色调来营造温馨、舒适的环境，如使用淡黄色、米色等来代替白色，而国外的设计中有大胆运用红、绿、蓝等原色来设计的，也是对多元化色彩设计的一种尝试。根据不同地域、国家的文化特色来定位色彩的设计，也是适老化居住空间设计的最好用的手法之一。同时，通过合理的色彩搭配来刺激大脑的适当性，对于部分患有失智症、抑郁症等疾病的老年人会起到帮助其稳定情绪甚至有助于减轻病症、促进身体恢复的作用。

从老年人的生理与心理特点考虑，老年人的视觉敏感度下降，对颜色感知不再那么强烈。所以，适当地选择不同的颜色可以刺激老年人的视觉感知，增强安全性。老年人居住空间的色彩多采用暖色调，整体氛围庄重而温暖，也可再搭配一些红色和蓝色，既热情也不失宁静祥和之感。在此居住，老年人会感到与他人拉近了距离，不再有与外界隔绝的明显分离感，他们会感觉到温暖和关怀，能够让老年人在爱的环境下安度晚年。

2. 光线要素

光线是适老化居住空间设计中必不可少的要素，室内居住空间的光线主要来源于自然采光和人工采光两个部分。设计师在对适老化居住空间设计时，首先得保证老年人的居住空间有充足的自然光线。自然光线特有的运动规律有助于老年人的身心健康，阳光可调节老年人的生物钟，还可以增强人体对钙等有益元素的吸收，杀毒抗菌，促进血液循环，是老年人生命中必不可少的健康要素。但是照进室内的自然光线也容易造成室内光线明暗对比强烈等问题，老年人本身对光线的调节能力就差，容易产生眩光反应。因此，应在室内增加遮光设施，减少室内空间被阳光直射，使室内光线更加柔和，提升老年人的视觉感知能力。此外，由于老年人的视力衰退，对室内光照度的要求会更高，因此人工照明的时候要对转角、楼梯等特殊部位增加照度，加强室内每个区域的安全性。由于老年人的排泄系统开始衰退，一般都会有起夜的习惯，应在卧室通往卫生间的路上设置 LED 感光夜灯等设备，增加安全性，为老年人夜里通行提供照明。

鉴于老年人的视觉特点，要提高整个居住环境的照明亮度以满足老年人对光线的需要。老年人的视觉下降，对照明的亮度要求较高，约是常人的2~3倍，所以采用一般照明和局部照明相结合的方式。在光源采用上也较多采用柔和光源，避免强烈光线对老年人的刺激。如客厅、卧室采用了明亮、柔和的光源，为空间营造明亮氛围的同时，又不会对老年人产生过度刺激的视觉效果，方便他们的日常生活。此外，在夜间为了保证老年人的安全，墙角、卫生间、门口等重要位置也要设置必要的照明设施；还要注意房间内的明暗反差不要太大，照明设计时应尽量采用间接照明，要均匀、柔和，避免眩光，以免引起视觉不适。应适当提升颜色强度，采用显色性强的灯具来照明，帮助老年人区别颜色。光源应选择暖色光源，为老年人提供温馨的环境，也可以适当加入一些装饰性灯光，从而增加空间的趣味性。除此之外，辅助光源的运用是十分必要的，如床头灯、夜灯的设置能够很好地帮助老年人在夜晚活动。将光源亮度设为可调节的能够满足不同人群的需要，更加体现出人性化的设计特点。

3. 材质要素

老年人居住环境的室内装饰材料应注重功能性，做到隔音、防滑和平整。地面应采用防滑系数高且平整的材料，墙面则选择具有良好触感、隔音效果较好的材料。因木质材料给人以安全、舒适、自然的感觉，可以更多地选择使用木质材料，从而增加室内的温馨感和亲切感。玻璃材质因其独特的透明特性，合理运用能够增加室内的通透感，为老年人提供一个明亮的室内环境。窗帘、床上饰品等应选择颜色温馨的布艺材料，能够给老年人带来舒适的家的感觉，同时布料具有能够降噪的特点，对提高室内的隔音效果有一定的帮助。

此外，还应结合运用垒砌的石墙等传统的做法将老年人与自然的距离拉近一步，适当地为老年人减轻因长期处于室内而产生的烦躁感。接触地面的材质首要考虑的就是防滑问题，大理石和地砖都是不安全的材料。室内地面大部分采用的是木地板，可以很好地起到防滑的作用。厨房、卫生间等部位则是采用环保橡胶地板，有一定的弹性，方便老年人行走活动。在墙角部位也要做特殊处理，以此来降低老年人因意外摔倒所造成的伤害。

4. 智能科技要素

信息网络时代的到来，给老年人带来了更加便捷、舒适的生活。例如，老年人可以通过网络在家就能自行办理水电、燃气、电话等费用的缴纳业务，身体不适还可网上预约挂号及网上咨询等。老年人身体机能下降，很多都需要每天服用药物，可对于老年人来说，记忆力减退，忘记吃药是常事，所以智能家居可以提前设置好吃药的时间和数量，以此来提醒老年人按时服药，既方便生活又让其家人（子女）放心。

在适老化居住空间设计中添加了信息智能化设施后，居住环境的安全、通信功能就可以得到更好地提高。不管子女在何方何地，都可以通过智能化的远程控制系统设备连接网络，随时知晓老年人居住空间的一切状况，智能化技术设备也可在老年人发生意外的第一时间通知其亲属。

（1）老年人卧室设计的智能化体现

老年人卧室设计的基准为安全性、舒适性和私密性。老年人卧室设计最基础的要求为空间采光好、有一定的空气质量更换。其中，在提高卧室空气质量方面，设计师可以采用自动遮阳、新能源节能空调系统以及室内环境控制系统等来实现。随着老年人对自身健康情况的重视程度增强，加之未来紧急系统的设置越来越有价值，远程医疗诊断及护理系统作为紧急呼叫系统，应多设置在老年人易于接触的位置。居住卧室空间的收纳设计应尽量控制在老年人比较容易拿取的高度，降低开关高度的设计，提高插座位置的设计。因此，卧室的整体设计以安静且具有私密性为基本要求。

（2）老年人卫浴空间设计的智能化体现

老年人卫浴空间的智能化设计最主要的还是考虑安全问题。电脑普遍控制中心枢纽，许多设备都可以自动智能运行，如太阳能热水器、电脑控制恒温处理等。当然，老年人卫浴空间的智能化设计还可以体现在以下几个方面：①老年人多使用淋浴的方式，加强洗浴时候的安全指数，智能调水温、智能按摩等多项功能会给老年人带来更加舒服的体验；②卫浴空间加入智能坐便器，方便老年人如厕；③老年人健康体检也可依靠智能医疗系统进行检查，同时体检的数据可以远程传送给医疗专家进行诊断；④在老年人卫浴空间设置浴室紧急呼叫系统，可及时应对老年人发生意外的特殊情况。老年人使用的卫浴空间设计可集舒适实用和科技发展两大特征，使信息时代的老年人卫浴空间的设计更健康、更高效、更智能。

（3）老年人客厅设计的智能化体现

随着信息时代的到来，老年人的居家休闲方式丰富多彩起来，除了传统的方式外，由智能网衍生出的娱乐方式也越来越多。客厅环境中的家庭影院互动、视频影像点播等方式异军突起，极大地丰富了老年人的娱乐途径，使老年人居住空间的客厅环境从整体的信息化模块中凸显出来。智能面板可以统一操控居住环境的整体设备，一般是将主控面板安装在休闲区的客厅内，分机安装在卧室等其他空间，依据设备及面板的不同分配布局，达到大气合理的智能化体现，可最终通过智能化的面板进行一体化操作，得到更加方便、快捷的智能化一体空间。

（4）老年人厨房设计的智能化体现

厨房作为适老化居住空间设计的重点，在整体的居住空间中占有重要的位置，它是使用一日三餐的地方，与老年人的居家生活息息相关。信息化时代的到来，促使老年人居住环境中的厨房环境的好坏成为衡量适老化居住环境的标准之一。具有定时功能的电磁炉等烹饪电器，可以智能存放不同食物的电冰箱，以及可以记录烹饪时间且能够教授菜肴制作过程的抽油烟机等高科技设备掀起了厨房的全新革命，这些都会改变老年人的厨房环境，厨房的环境没有了过去满是油污、烦乱的形象，它随着科技的发展展现出越来越美的样子。

信息时代的厨房，应是智能化的厨房，操作会更方便，使用会更智能。如根据菜肴的烹饪程度需要自动调节火候、根据食物的新鲜程度自动检测冰箱储存的时间等，为老年人节省了很多操作流程，更加优化他们的生活。老年人也可能因为智能操作的方便化而爱上制作美味的菜肴。

与传统的适老化居住空间不同，信息时代的适老化居住空间内部具有一系列的变化。首先是老年人的非物质需求在传统的居住空间已经不能得到满足。数字智能化以及实空间和虚空间结合等技术相继应用，“灰空间”随之增加，继而达到满足老年人的实际需求的目的，因此不确定性、延展性就成为信息技术时代老年人居住空间的特点之一。信息时代的数字化、智能化超越了传统的居住模式，使得老年人的子女可以更好地了解远在千里之外的父母的生活状况，避免发生麻烦。信息时代的无障碍适老化居住空间设计，通过更好地运用新技术来控制和创造更加适宜老年人居住的空间环境。

【思考·讨论】

★你认为老年人居住空间中需要哪些智能化的科技设备布置？请举例说明。

第四节 老年人的人体尺寸与人机工程学

一、老年人的身体机能特征

老年人的身体机能由于新陈代谢的减慢，身体各部分将产生相应的萎缩，主要表现在身高上：一般老年人在70周岁时身高会比年轻时降低2.5%~3%，而其中女性身高的缩减，有时最大可达6%。因此，运用此身高的降低率，可以从标准的身高值中推算出老年人身体各部位大致的标准尺寸，并以此作为其人体模型的基本尺寸，它可以用来作为指导设计的依据。老年人的人体模型基本尺寸（约值）如表3-2所示。

表3-2 老年人的人体模型基本尺寸（约值）

单位：mm

人体部位	老年男性	老年女性
人体高度	1 623	1 516
肩宽度	403	386
肩峰至头顶	288	279
站立时眼睛高度	1 504	1 403
坐立时眼睛高度	1 148	1 079
后手臂长度	301	285
前手臂长度	231	214
手长度	188	174
肩峰高度	1 340	1 242
双臂展开长度	1 639	1 530
坐时椅面至肩峰高度	570	531
肚脐高度	955	899
指尖至地面高度	638	602
大腿高度	398	368
小腿高度	381	359
坐时地面至头顶高度	858	810
大腿水平放置时的长度	433	413

二、老年人与行为空间示意

老年人身体机能下降相对应的尺寸、面积如图3-2所示。

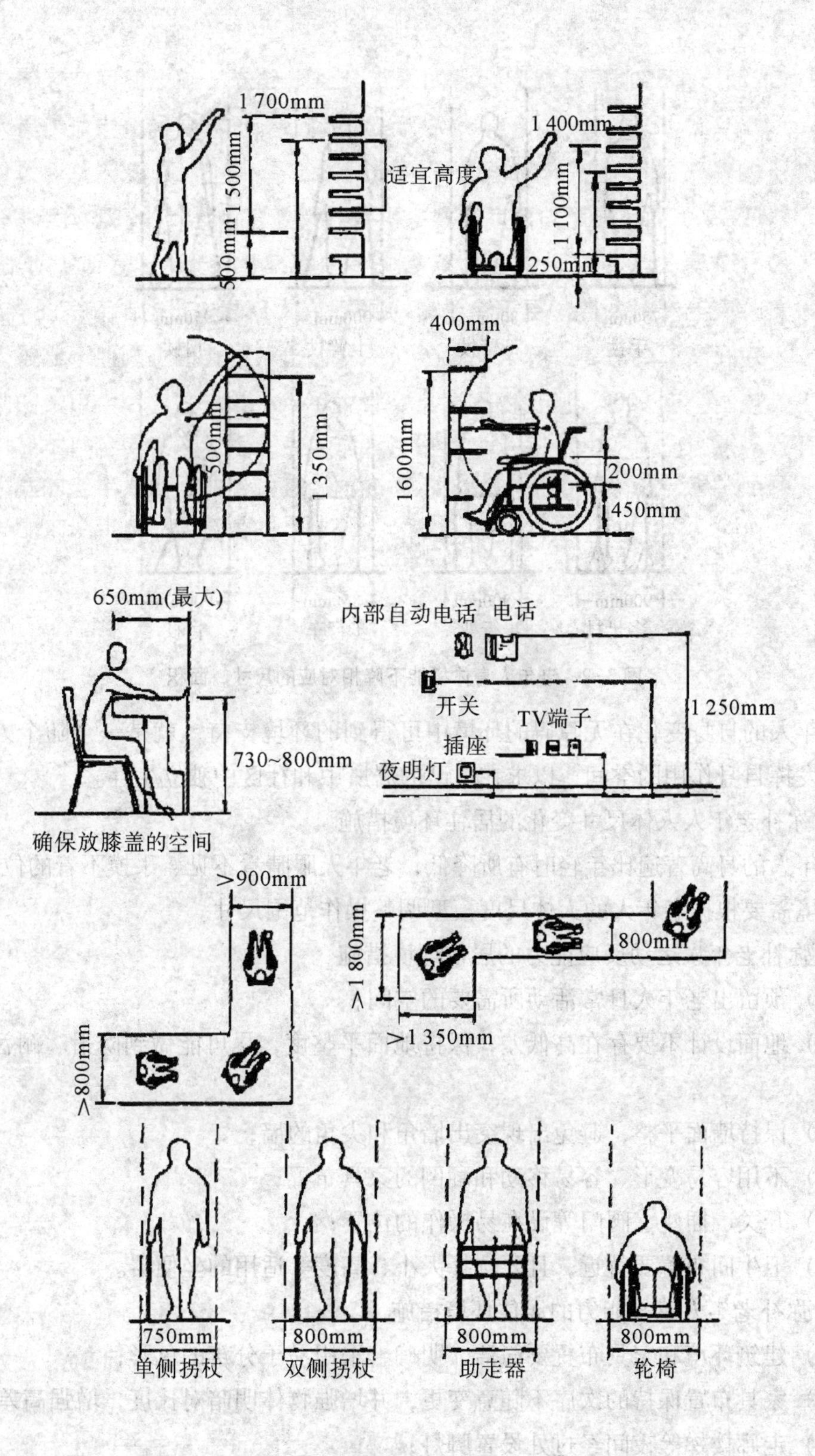
1 700mm
1 500mm
500mm
适宜高度
1 400mm
1 100mm
250mm
400mm
500mm
1 350mm
1600mm
200mm
450mm
650mm(最大)
730~800mm
确保放膝盖的空间
内部自动电话 电话
开关
TV端子
插座
夜明灯
1 250mm
>900mm
>800mm
>1 800mm
800mm
>1 350mm
750mm
800mm
800mm
800mm
单侧拐杖
双侧拐杖
助走器
轮椅

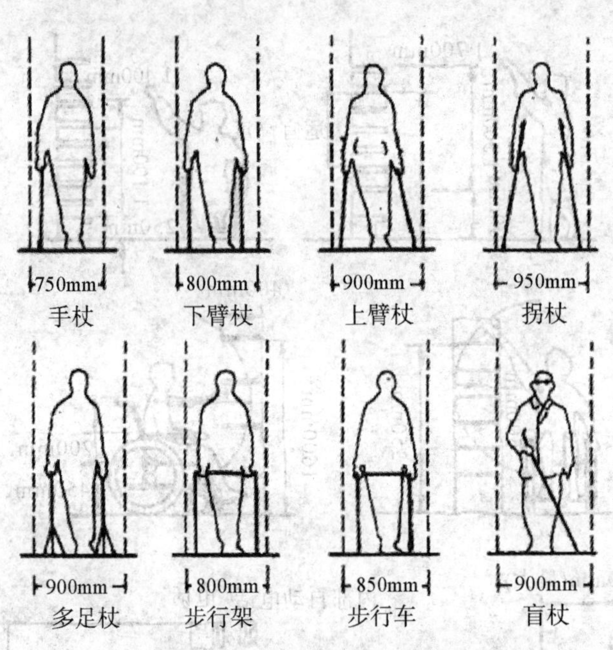

图 3-2　老年人身体机能下降相对应的尺寸、面积

老年人的自身变化在无障碍的环境中可得到的环境支持，就是一个随个人条件变化仍能发挥自身作用的空间，以求在自己的居所中和社区中独立生存。

1. 弥补老年人人体尺寸变化的居住环境措施

老年人的身高普遍比年轻时有所降低，老年人眼睛看不见、手摸不着的位置增多。居住环境需要根据老年人的人体尺度模型调整操作范围尺寸。

2. 弥补老年人运动反应能力的居住环境措施

（1）预留出老年人日常活动所需要的空间；

（2）地面设计不要存在高低差，保持地面平整度，尽可能做到防滑、耐污染、易清洁；

（3）保持墙面平整，避免出现突出墙角和尖角的墙；

（4）不用容易变形、容易移动和翻倒的家具布置；

（5）开关、插座、阀门等设在易操作的位置；

（6）卫生间布置要就近，且要选择大小、高度等适用的坐便器。

3. 弥补老年人感知能力的居住环境措施

（1）建筑环境和家具布置要简洁、明确，采用易于分辨的色彩；

（2）家具布置保持的次序不随意变更，并增强物体明暗对比度，增强高差感；

（3）走廊楼梯等夜间经过处设置脚灯；

（4）煤气灶具设置报警器和自动熄火装置，火灾报警设声光双重信号；
（5）可触及范围的暖气管、热水管做防止烫伤处理；
（6）给予充足的采光和照明，避免采用反光强的材料，避免眩光；
（7）减少环境小气候的变化幅度，采用适宜的采暖温度；
（8）室内色彩宜用暖色调，照明程度应比其他年龄段使用者高；
（9）利用触摸式的记号增强老年人的感知记忆。
4. 弥补老年人的心理落差及精神落差的居住环境措施
（1）充实的室内、室外交流空间；
（2）方便老年人走出家门；
（3）便于亲朋好友来访和接待；
（4）相对固定的居住环境，让老年人熟悉周围的事物；
（5）信息网络入户，如电话、有线电视、宽带等。
5. 减少疾病，维护老年人独立生活的能力
（1）为老年人提供就近医治的条件，降低因疾病影响其自理能力的风险；
（2）定期检查护理设施的设立；
（3）设置紧急呼救和报警系统，避免突发事故的发生。

第五节　人机工程学的设计研究

老年人在无障碍环境设计中的基本尺度依据是：随着社会经济的发展，中国的居住环境还是受到一定的限制，我国老年人的代步工具目前主要还是以拐杖为主，轮椅只为少数老年人所用，设计、规划中应根据不同的环境兼顾考虑。老年人拄拐杖的基本尺寸和尺度空间要求可参见图 3-2。不过拐杖耗费体力，不便于长距离移动，老年人大多是在居住建筑内或居住小区内小范围使用。相对拐杖来说，轮椅移动距离长、耐久、灵活、节省老年人的体力消耗，方便老年人到达更多、更广的区域，但是轮椅所需要的面积较大，对居住环境的要求也比较高，今后的设计、规划应给予充分考虑，最重要的还是需要全社会一起支持无障碍环境的实现，轮椅的基本尺寸和尺度空间要求请参见图 3-2。轮椅是我国老年人代步工具的发展方向，国外大多数国家均以轮椅尺度作为无障碍设计的基本尺度依据，考虑到与国际接轨，在适老化老居住空间设计中，设计师应以轮椅尺度作为无障碍设计的基本依据。

老年人的卧室面积以适当为宜，也不是越大越好，面积过大的卧室会使家具布置较为分散，老年人在卧室中行走、活动就会因无处扶靠而发生危险，应该在老年人触手可及的范围内有便于撑扶倚靠的家具或墙面。设计师应注意卧室进门处不宜出现狭窄的拐角，一是便于使用助走器或坐轮椅的老年人顺利进出卧室，二是避免医护人员对其进行急救时担架出入不方便。在老年人经常通行的地方应安装水平行走时使用方便的扶手，扶手的高度、材质和形状应根据使用环境的需求和老年人的具体特点来选择，安装必须坚固以确保使用的安全性。扶手的高度应方便老年人在走廊、楼梯、卫生间、客厅、餐厅、卧室等地方进行移动，其高度以800~900mm为宜。为避免老年人抓空扶手摔倒，设计师在设计时应保证扶手的连续性，不应中途中断。

【课后实训】

试坐轮椅感受下居住环境不同功能区域活动习惯，并记录下来与人机数据做对比分析。

第六节　本章小结

面对我国已进入老龄化社会的严峻现实，老年人的养老问题应引起全社会的重视。如何为老年人创造一个安全、健康、温馨、舒适、快乐、幸福的生活空间，已成为一个社会问题。在适老化居住空间设计中，要秉持“以老年人为中心”的设计思想，结合老年人的需求和社会发展趋势，从老年人的生理需求和心理需求两方面出发，将适老化居住空间作为一个整体来看待，整合和完善各项功能，更好地迎合老年人的实际需求和生活习惯，让其在空间中感受到家的氛围，为老年人的晚年生活增添幸福感。

第四章　适老化居住空间的设计实施

不同类型的适老化居住空间，其设计实施的方式也略有差异。如今国内的适老化居住空间主要有养老院、老年活动中心、老年大学、日间料理中心、适老化社区等，且通常会有多重空间混合使用的情况，如很多老年大学兼有适老化居住的功能，老年社区也兼有公共活动和日间照料的功能。本章则是以适老化居住空间为对象，对其设计实施方式进行分析。

第一节　适老化居住空间的设计流程

一、养老社区/老年住宅的设计流程

现阶段对于适老化居住空间的分类主要有两种：养老社区和老年住宅。

养老社区是未来中国要大力发展的一个领域。当今，国内的养老社区通常是指养老院、老年大学、老年活动中心、日间料理中心等，但有一部分人认为养老就是“居家养老”的理念，尤其是欠发达地区（如农村、乡镇等），送老年人进养老院几乎成了“不孝”的代名词，而多数老年人也对“养老”有强烈的抵触心理。所以，国家在促使公有性质以及借助民间资金建设养老院的同时，也发出了老年住宅建设的信号。

老年住宅具有一定的特殊性，即业主的岁数偏高，所以在整个设计流程中均表现出一定的特殊性。如编者曾在南京服务于某高校的一对已退休的教授夫妇。该夫妇的年龄均在60周岁以上，退休后在金陵拥有一套300m^{2}的商品房，装修目的即安享晚年。两位虽高校教授出身，属于典型的中产阶级，但在居室设计方面却缺乏主动性。由于是知识分子，他们对新鲜事物有一种天生的敏感性，但接受方式却属于“慢热型”。由于子女均不在身边，所以日常对居室的使用基本上就只有这对教授夫妇。卧室、卫生间自不用说，都属于隐私空间，完全是以两位老年人的审美趣味为导向，客厅等公共空间也是以大尺度的设计为主，偶尔还要为子女回家及朋友探访做准备。但

在就餐的设计上却产生了有趣的讨论，编者与业主分析了西式的开放式厨房及连接餐厅的吧台等设计上的问题，引起了他们的注意。编者的做法也恰恰迎合了两位老年人较为包容的态度，“洋气”并非年轻人的专利，老年人同样可以拥有。开放式的厨房及吧台的设计是老年人生活品质的显现，是老年人对自己生活方式的“二度规划”。视线上的连贯性、距离缩短、使用便捷为这对老年夫妇的家庭布置做出科学的计划，更重要的是选择的自由、与众不同的体验是老年人在生活中不可或缺的精神保障。

因此，设计师在规划老年人住宅的设计方案时，应该考虑老年人的家庭结构、收入情况、审美趣味等方面，通过合理的规划为老年人做出与众不同且时尚的居住空间是设计流程的前提。

二、公共性的适老化居住空间的设计流程

拥有一套属于自己的老年公寓以及老年住宅市场化可能是中国城市发展的一种选择。但在当下，更为主流的尚属公共性的适老化居住空间。从我国的具体情况来看，目前主要有两种养老模式：居家养老和社会机构养老。全国政协委员、苏州大学前副校长熊思东曾坦言，社会机构养老模式的推广所面临的困难非常大。所以，他建议保障房和商品房均按一定比例配建养老院，即将养老院植入普通的商品房，并配备相应的医保措施。如此就可以在一定程度上缓解居家养老与社会机构养老之间的隔阂，形成“居家式社区养老”模式。且不论居家式社区养老模式能否成为中国养老模式的未来，但至少可以肯定这种模式与其他社会机构养老一样，均带有较强的“公共性”。所以，在一定程度上讲，公共性适老化居住空间是与居家养老所对立的一种类型，而公共性适老化居住空间的设计流程则与私人住宅有较大不同。

各种不同层次的公有养老机构代表了国家的社会福利，所以公共性养老空间的设计通常是国家政治形态的产物，国家对不同级别的公务人员配备着不同的养老居住房，城市、乡镇甚至农村也针对不同收入的国民开始建设各种福利性养老机构。类似的养老居住项目多数均不以设计师的个人意识而改变，设计师在参与此类设计项目时，应充分了解国家的养老政策及不同政府对老年建筑的实施要求。

除此之外，国家也鼓励各种民间力量创办养老机构，民间养老机构则直接反映出各公司的经营理念。北京万科养老服务运营公司独立于万科地产，他们将整合万科康复医院和万科护理学校，逐步形成完整的护理型养老产业。万科的养老方向主要有以下三种：

第一种是机构型，偏重高护理等级的客户，类似于万科青岛怡园和北京万科幸福

家，100~300 个床位，建筑规模可能 5 000~20 000m² 的都有。

第二种是 CCRC 型，侧重于全生命周期的照护，类似杭州的随园嘉树，活跃长者居多，会向客户提供更多综合性的服务。

第三种是社区嵌入型，立足已有的社区并辐射周边客户，规模比较小。各类产品模式探索中，服务和运营能力被视作万科养老的“护城河”。目前万科养老仅北京的专业养老服务团队就超过 300 人，另外万科也涉足投资自己的康复医院。

不管是公共性养老机构还是民营性养老机构，这种社会性的养老机构的设计流程应该强调两点：开发者的意图与设计的类型化。设计师应该与开发者做大量的前期接洽工作，充分了解开发者（尤其是民营企业）的意图，最终形成“类型化”的设计方案。而最为典型的一种类型化方式即根据入住者的身份来划分居室设计的等级。

结合万科的三种养老方向，公共性的适老化居住空间的设计流程见图 4-1。

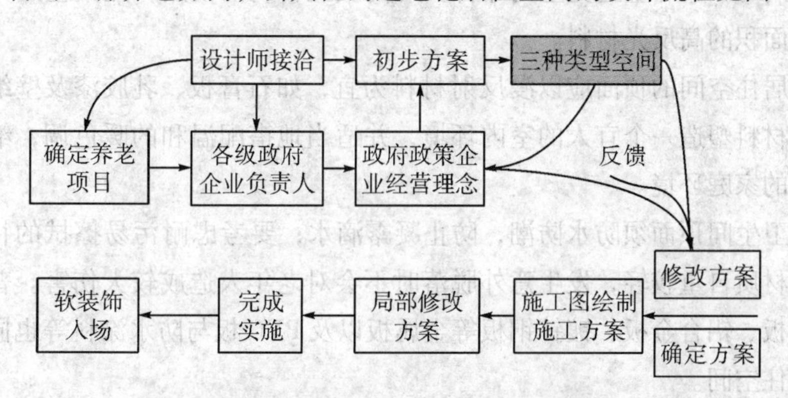

图 4-1 公共性的适老化居住空间的设计流程图

第二节 适老化居住空间的基础装修

根据老年人的生理、心理的特殊性，设计师在对老年人使用空间进行装修时都应该注意基本的安全性和便利性，在此基础上进而追求空间的经济性和美观性。住宅室内装修一般可分为基础装修和后期软装饰，前者决定了房屋的使用框架和结构处理，从整体空间的角度，对顶面、墙面、地面等进行表面处理；后者则深化到室内家具及陈设等层面。

老年人住宅中的各生活空间如起居室、卧室、书房、餐厅等，对顶面、墙面、地面的处理要求基本一致，而厨房和卫生间等区域经常与“水”打交道，阳台和门厅等区域属于过渡性空间，各空间对界面的材质选用及造型处理均有所不同。

一、顶面

住宅室内装修通常采用常规的施工工艺，所以就要求顶面的材质均选择轻质主材，这样也便于房屋的安全性。流行于西方当代建筑设计的一个流派——高技派，经常会选择钢铁及其他各种金属材料，并选择黑灰色等无色系来表现空间的技术感。这种做法不应该适用于老年人的居住空间。

同时，很多商业空间（如专卖店和KTV）为了增强空间的炫酷，通常会用镜子或高反光的金属、玻璃作为饰面材料。然而，老年人的听力和视力均会下降，为了保证老年人的视觉安全，以及给老年人创造一个舒适、清静的居住环境，设计师在设计适老化居住空间时，要尽量避免室内噪音及对高反光材料的使用，尤其应避免在顶面及立面使用大面积的高反光材料。

老年人居住空间的顶面应以漫反射材料为宜，如石膏板、乳胶漆及壁纸等，通过这些温和的材料塑造一个宜人的室内环境，并适当地搭配温和的暖色调，给老年人一个宁静柔和的家庭环境。

厨房、卫生间顶面须防水防潮，防止凝露滴水；要考虑耐污易擦拭的特点，避免积垢；要求材质自重较轻，发生意外脱落时不会对老年人造成较大伤害。普通装修使用的不锈钢板、铝合金板、镀锌钢板等金属板以及PVC板与防水涂料等也同样适用于老年人的居住空间。

二、墙面

室内各墙面是老年人生活的重要助手，所以居室墙面的触感就成了室内设计的关键环节之一。卧室、起居室等生活空间的墙面应反光柔和，无眩光；手感温润，无冷硬感。

墙面常用材质有乳胶漆、壁纸、壁布、木质材料等。各类材质在选用时应注意产品质量与性能要符合老年人的需求，如宜选用透气性较好的以天然材质为主的壁纸，而不宜选用化纤材质的壁纸。

墙面配色应考虑与顶面及地面的色彩搭配，尽量选用暖色调或纯白色，可局部使用冷色调。墙面的装修应该考虑扶手的安装，且浴室、厨房与普通生活空间的扶手要求略有差异，参见《老年人居住建筑（GJBT—1364）》。

厨房、卫生间及阳台的墙面有防水防潮、耐污易洁、避免眩光的要求，常用材质有石材、瓷砖等。厨房墙面容易积油垢，墙面材质的拼缝不宜过多，尤其是炉灶附近，应以较大片的耐高温、易擦拭的材料为佳，如大片面砖、整片不锈钢板等。

设计师在对墙面进行装修时，要考虑防止老年人在日常生活中发生磕碰，通常会对阳角的1.8m以下做圆角处理，也可以选用软性材料如木材、塑料、发泡墙纸等，这些软性材料可以缓冲老年人在遇到碰撞时所产生的冲击力。同时，考虑会有老年人使用轮椅的情况，设计师应在墙角安装300~400mm的护墙板。

三、地面

老年人腿脚不灵便且反应迟缓，所以对地面的装修要求较高。设计师首先需要注意的便是防滑处理，特别是浴室和卫生间，要充分考虑应如何选择防滑材料。客厅和卧室应该考虑老年人与地面的触感，尽量选择有一定弹性的木地板，以便在老年人摔倒的时候能够减少冲击力。地面装修材料及使用上的注意事项如表4-1所示。

表4-1　地面装修材料及使用上的注意事项

<table>
<tr><th colspan="2">地面装修材料</th><th>使用上的注意事项</th></tr>
<tr><td colspan="2">榻榻米</td><td>需注意轮椅会损伤榻榻米</td></tr>
<tr><td colspan="2">木地板</td><td>表面装修材料应选择防滑类型；如果对木地板使用不合适的森地板蜡，则可导致地板变滑，需要注意</td></tr>
<tr><td colspan="2">软木地板砖</td><td>容易附着脏东西，需要选择可替换类型</td></tr>
<tr><td colspan="2">塑料类地板砖</td><td rowspan="2">应选用沾水之后也不会变滑的产品，如果使用者在室内光脚行走，则还应考虑肌肤触感</td></tr>
<tr><td colspan="2">塑胶类地板砖</td></tr>
<tr><td colspan="2">超长地毯</td><td>选用短毛产品；注意防火、防污、耐磨性能</td></tr>
<tr><td colspan="2">拼块地毯</td><td>注意防火、防污性能</td></tr>
<tr><td rowspan="2">塑料类地板膜</td><td>（无泡沫层）
超长氯乙烯膜</td><td rowspan="2">选用沾水之后也不会变滑的产品</td></tr>
<tr><td>（有泡沫层）
复合塑料地板垫</td></tr>
</table>

起居室、卧室等生活空间的地面通常要求做到以下几点：

（1）脚感温暖，使老年人感觉舒适；

（2）硬度适中，使老年人行走不累；

（3）防滑防涩，确保老年人的日常活动安全；

（4）易清洁打扫，减轻老年人的家务负担。

地面的材质选择应避免产生眩光，材质过于光洁则容易产生反射眩光，对老年人视觉有一定影响。如常用于起居空间的光面全瓷玻化地砖，具有表面致密、便于清洁打理、观感整洁光亮的特点，却可能使老年人心理上产生“怕滑，不敢走”的担忧；地面某些角度在光照下会产生刺眼的反射眩光，可能会为老年人带来安全隐患。

地毯是一种有温度的材料，但在老年人的生活空间中需慎用。因为地毯的摩擦系数较高，且整理不到位的地毯有可能会产生折皱，容易将老年人绊倒；同时，在软而厚的地毯上使用轮椅比较吃力。厨卫及阳台也慎用缝隙较深的马赛克地砖，原理与地毯类似，这类地砖同样会由于摩擦系数高而导致老年人绊倒。

第三节　适老化居住空间的软装设计

软装饰在国内的发展与大众的收入水平有直接关系。软装饰在室内设计中的角色相当于给居室增添一层“装饰性”的外衣，也就是在合理解决功能基础上的美学追求。20 世纪 90 年代，国内开始讨论室内设计中的“软装饰”话题。2000 年，《光明日报》的一篇报道《您注重室内软装饰吗?》开篇就谈及：“随着人们收入的提高，家居消费正成为新的热点。实际上，作为室内的软装饰，家用纺织品是家居消费重要的组成部分。”在此之前，“软装饰”基本上是纺织品的代名词。同年，东华大学刘月蕊发表了《浅谈室内软装饰》一文，文中认为人们通过铺什么地板、装什么吊顶、买什么卫浴和使用什么厨具来彰显其虚荣的实力是室内装饰的一个误区，而“温馨柔美、精巧别致的软装饰，方能真正体现主人的个性与品位，使室内空间展现出与众不同的风格与独特的魅力”。21 世纪，室内软装饰逐步风行甚至能够占据室内装饰的半壁江山。

一般住宅中的软装设计通常注重对居室的装饰效果，但针对老年住宅室内的软装设计更应考虑老年人的身心特点，将安全、方便、舒适放在首位。本节内容通过从家具、灯具、纺织品和饰品几个方面分别论述软装饰要素在适老化居住空间中的使用。

一、家具

家具的摆放应便于搬动，使老年人可以根据季节的不同，随心所欲地变换床以及其他家具的位置；也可以利用部分家具兼做扶手。家具的配置要选择符合空间的材质与造型，所以家具边角应做少棱角而多圆滑的处理，面层可采用柔软的罩面包裹起来，以减少老年人的磕碰。家具位置的布局与朝向要符合老年人的活动惯性，家具的颜色也应使用统一色系，塑造一个宁静安详的适老化居住空间环境。

二、灯具

在灯具方面，要对光的亮度、色度等进行科学合理的选择，光线有明亮度和光辉度之分，当明亮度适中而光辉度太强时，会使人感到刺眼或产生目眩，较细微的地方也会因此而看不清，眼睛所承受的负担也会自然加重，睫状体呈现紧张状态，容易产生眼睛疲劳。针对老年人视觉功能下降的问题，应该选择光线与光照强度适合老年人使用的灯光亮度或形式。因此，柔和均匀的光线可减轻眼睛的负担，使老年人保持良好的情绪及视力，而过强或过弱的光线都是影响视力的重要因素。

三、纺织品

2000 年以前，纺织品几乎是软装饰的代名词。而纺织品作为室内元素确实是软装饰很重要的一个类型，其中包括窗帘、床被套、沙发与座椅的套垫甚至灯罩都流行用纺织品代替玻璃与塑料材质的产品。

纺织品在老年人公寓中的应用由于其显著的灵活性，对于同样需要多变的环境氛围具有重要的作用。如布艺与窗帘在空间中的应用，一方面从功能上可调节室内与室外的光控关系；另一方面也是点缀视觉空间的界面色彩。对于软装艺术而言，窗帘、布艺等纺织品是其可更换性的最直观表现。纺织品可根据老年人的生理与心理需求，结合季节的变化，从而进行不同的更新与创造设计，是创造空间视觉变化的绝佳方式。

老年人在读书读报时，可根据窗帘的透光性而选择适当的纱帘；同时，可以利用窗帘对风进行调节。值得注意的是，需尽量避免因纺织品质地、色彩、图案选择不当而引起老年人在视觉上产生错觉；而床被套和沙发套则应选择摩擦力适中的质地，尽量避免因光滑而脱落，给老年人在使用上带去不便。

四、饰品

居室内部摆放适当的书画、照片、屏风、陶瓷器等物件可以陶冶老年人的情操，提升空间的精神情感。老年人虽处暮年，但高雅的精神元素可以激发老年人的生活情趣。老年人在对艺术作品进行观赏的过程中，其心境也更能被艺术品所感染，当他们在陶冶情操的同时也能激发对生活的热情以及对生命的更加热爱。在室内环境中引入绿色植物，成为生活中一种追求自然与生态、健康与审美的时尚，体现出老年人对自然生命生存与美感精神文化的需求。

当然，装饰品的摆放位置应仔细推敲，植物的摆放应便于浇水、修建等养护活动，可置于阳台或台桌上；尽量避免饰品摆放过高，以防碰头、倾倒或掉落；屏风的选择上应防止其倾倒，且在使用上不妨碍老年人的行动路线。

【课后实训】

请各位同学以设计师的身份进行一次设计实践，践行本章所学的设计流程。

设计师与客户之间的关系是服务购买者和服务提供商的关系，这种关系我们可以称为“设计服务”。为了体现这种服务的权责分配与内容明则，就需要有一个设计的总体工作计划和操作流程。设计流程参考图4-1。

项目来源：

由任课教师布置。

实训目的：

(1) 掌握对适老化居住空间原有建筑结构及空间特征、使用者工作流程的分析方法。

(2) 掌握各种适老化居住空间的性质、特点。

(3) 掌握各种适老化居住空间动线与空间分布的确定原则。

(4) 掌握各种适老化居住空间要求的装饰处理方法。

(5) 掌握各种适老化居住空间不同的设计方法。

(6) 掌握各种适老化居住空间设计的流行趋势。

实训要求：

(1) 了解适老化居住空间设计的程序，掌握适老化居住空间设计的原则和理念。

(2) 对适老化居住空间的功能划分、尺度要求、设计风格有一定的认知。

(3) 培养学生对同类型、不同类型的适老化居住空间进行对比的能力和团队协作精神。

(4) 培养学生的自主创新能力。

(5) 培养学生在训练中发现问题、解决问题的能力以及与指导教师沟通的能力。

(6) 培养学生在训练过程中注重自我总结与评价的能力。

辅导要求：

(1) 以项目组为单元组织实训，组建项目组，同时注意学生自身专业能力优势的搭配。

(2) 项目设计与制作过程中注重集体辅导与个体辅导相结合。

(3) 在实训指导过程中除了共性问题的解决与分析外，还应注重发挥学生特长，突出个人的创作特点与风格。

（4）围绕创作风格、特点及创作手法的处理对学生进行重点指导。

（5）从学生的制作流程与方法以及作品的内容与项目要求等方面分阶段进行点评。

实训指导：

（1）完成考察报告（包括考察时间、考察地点、考察方式、考察内容、考察体会等）。

（2）根据考场报告分析现状及发展趋势。

第四节　本章小结

本章主要讲解适老化居住空间设计的设计流程，要求学生掌握建筑原有的结构及空间特征、工作流程的分析方法，掌握适老化居住空间设计的原则和方法，以此培养学生与客户交流沟通的能力，也培养学生的方案表达和绘图能力。通过对本章的学习，能够帮助学生更好地理解适老化居住空间设计的流程，为其在未来成为合格的设计师奠定相应的基础。

第五章 适老化居住空间室内各局部空间设计

第一节 门厅设计

门厅又被称为玄关，在家中扮演着“第一眼”的角色，它既作为连接室内与室外的过渡性空间，同时也被人们看作家居设计的“面子工程”。门厅在适老化居住空间中所占的面积比重较小，但因其具有承载功能的重要属性，因此门厅使用频率非常高。随着老年人年龄的逐渐增长而引发身体各项机能的逐渐衰退，为保证老年人进出家门的便利性，设计者应首先充分考虑门厅空间的功能设计，如门厅处需满足老年人换鞋、穿衣、拿钥匙、触碰开关等功用性与安全性，门厅的各项使用功能也要做到紧凑有序的安排与布置，以保证老年人使用行为的顺畅与安全。在门厅设计规划阶段，作为设计师需要考虑几个主要内容。

一、门厅的空间布局

门厅注重进深小、开间大的空间形式。在满足进深小而开间大的门厅设计的原则下，才会更便于老年人行为活动的有效开展，尤其方便坐轮椅的老年人通行以及遇紧急事故时急救担架的进出入。在遵循短进深、长开间设计原则的前提下，若要进一步进行量化分析研究，设计师可将适老化居住空间门厅区域的长宽比率设置为 1∶1.2~1∶1.5 的范围，该范围主要是基于对轮椅直径尺寸与老年人换鞋穿衣的行为尺寸进行研究后得到的数值比率。

如遇户型空间较为宽裕且设有居住前院的条件下，在 3D 空间布局规划上，位于住家外的门厅需要配置在便于老年人从道路上接近的位置区域；而在 2D 平面布局规划方面，住家内的门厅也应避免配置在老年人经常使用的动线位置上。无论 3D 空间布局规划还是 2D 平面布局规划，两者均为减少人流动线和防止人流动线的相互交叉，以防止造成使用上的不便甚至发生安全事故。

适老化门厅的出入口如遇门厅台阶设计，设计师则需要尽可能采用无垂直型高低差的结构，即采用坡道设计形式，同时出入口通行空间需要确保自理型老年人和介护型老年人（使用步行辅助用具及轮椅器具）通行的有效宽度，通常而言需保证 900mm 以上的预留宽度。门厅台阶处通行宽度，如图 5-1 所示。

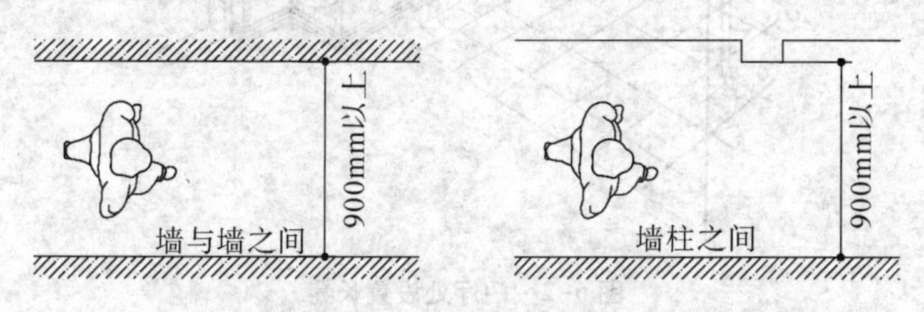

图 5-1　门厅台阶处通行宽度

合理设计门厅空间形式。适老化门厅空间应尽量呈现半开放或开放空间的开合形式，以达到联通与通透的视觉效果。而开放或半开放空间设计通常与老年人所处的心理年龄相关，老年人随着年龄的增长通常会希望门厅与起居室等家居公共空间能够确保视线上的畅通无阻，这样可以有效地方便老年人与家人之间产生互动，以此寻求心理的安全与稳定。

二、门厅的灯光与家具

除了确保门厅内老年人通行的有效宽度以外，在灯光设计上也需要考虑门厅充分的亮度。为规避门厅空间脚下昏暗所引发的视觉不适，设计师可结合家居智能化角度设计人体感应灯，且灯具的安装高度可设置于在室内地坪标高基础上抬高 20mm 处。通过借助先进的人体热红外线检测感应技术及光感技术，在白天或者有光时人体感应灯自动关闭，在接受人体热感应时自动开启，从而达到一定的节约、环保的使用功效，同时又延续了家与爱的温度。

合理布置门厅家具。门厅处的家具需要设计师进行精心策划，合理摆放，以优化门厅的使用动线，这样有利于老年人的活动与使用形成固有的行为习惯。在门厅空间中设计师往往需要将老年人换鞋就座的座凳、便于老年人安坐和倚靠的 I 型扶手纳入必备的设计范畴，如图 5-2 所示的门厅处设置长凳。同时从安全角度的层面考虑，适老化居住空间的室内家具应尽量选择倒圆角的形式，防止、避免老人因磕碰而对身体造成的伤害。

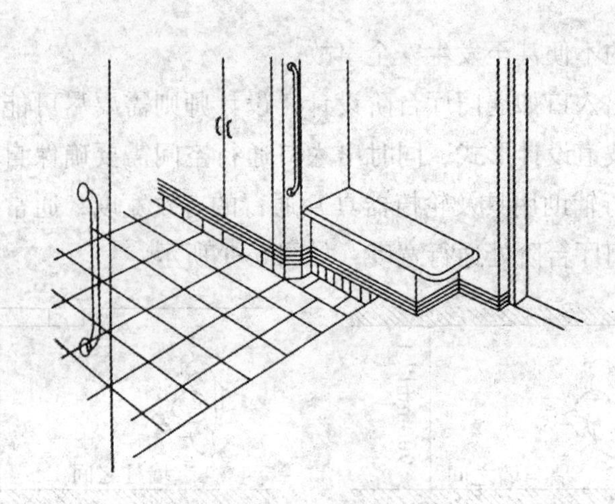

图 5-2　门厅处设置长凳

玄关处的入口门也可导入智能家居设计理念，通过置入多元化智能家居产品，如智能猫眼、智能门锁、防盗报警、远程监控等多功能设计，避免不法分子入侵，为老年人家中的生命财产安全提供预防与保障。智能猫眼具有人脸识别功能，可识别出门前访客的年龄、性别、穿戴特征等信息，老年人与家人可通过 APP 直接识别出已存储的身份信息。智能门锁通过设置指纹解锁房门的使用方式，以预防老年人经常忘带钥匙的情况；同时子女能够通过手机为回家的老年人进行远程开门，并与家中情景模式产生联动效应。防盗报警的用途主要是在于对居室中的门窗进行监控，并在有陌生人入侵时能够自动报警。当门外发现异常警情时，防盗报警系统会立即通过短信或电话的方式及时通知子女、小区或联防安保系统。此外，远程监控系统能够帮助子女通过手机、平板电脑等移动设备随时查看老年人在家中的实时画面及居住详情，以确保老年人的安全。通过以上设计不难发现，智能家居系统不仅可以为老年人用户群体的居住生活提升使用安全系数、为适老化住居空间带来全新的用户体验，同时其营造与创设的使用效能还构建了老年人与子女间的联系和沟通的桥梁。

三、门厅的地铺选材

适老化居住空间设计中，门厅地铺需铺设防滑材质。由于门厅在整个住居空间系统中所处位置的特殊性，门厅的地面时常会遭受诸如室外带进的灰尘、泥土污垢等侵袭。为应对此类问题的发生，保持门厅地面的整洁度，在地面的选材与铺设上，设计师应选择具有耐污、防水、防滑的装修材料，例如抛光砖、釉面砖、防滑地板等。同时如果门厅材质不止选用一种材料铺设时，在材质与材质间的连接处需要做到平滑连接以规避细微高差，减少老年人不必要的安全隐患。

四、门厅的动线设计

设计师在处理门厅与其他功能房间的动线时，需考虑从卧室到卫生间的人流动线规划。在途经门厅区域且设有室内台阶的情况下，试想老年人在夜间起夜如厕时，如果伴有腿脚不稳的行走状态，很有可能会遭遇在门厅台阶处踩空的危险。因此，门厅台阶与卫生间若是在行走动线上，设计师需要预留出一定的缓冲区域，以防老年人绊倒、滑倒，从而造成身体受损的突发危险状况。门厅到厕所间的距离展示，如图 5-3 所示。

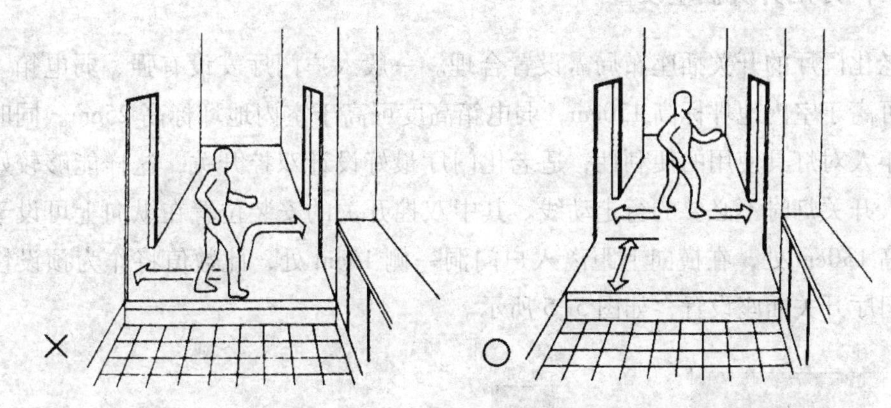

图 5-3　门厅到厕所间的距离展示

五、门厅的台阶设置

在设置台阶踏步的门厅空间里，台阶踏步高度及宽度的预设值将作为设计师对门厅细节考虑的重点要素之一。具体而言，设计师需合理考虑台阶踏步的高度设置，一方面使踏步在垂直高度上实施等分原则，这样做将有助于确保老年人上下行抬腿的节奏得以顺利进行；另一方面每级踏步高度需严格遵循人机工程学原理。根据国家标准对室外台阶踏步尺度的规定，其踏步高度通常为 150mm，但基于满足老年人抬腿的舒适性与安全性需求，在适老化居住空间设计中，台阶的踏步高度可降低一些，其规范参数值可设置在 140~150mm 的范围。同理，为确保老年人进出门时脱换鞋的便利性，室内门厅如设置台阶的情况下，其踏步宽度建议控制在 300mm 以上。门厅台阶踏步设计，如图 5-4 所示。若设计师对踏步宽度的预设值<300mm，则无法从人机工程学角度去满足以人为本的设计原则，将容易引发老年人跌倒、滑落的危险境况。因此，门厅台阶踏步的高度及宽度值需要设计师在基于国家标准的尺度基础上进行适量放宽，以做到适老化设计的精确定位。

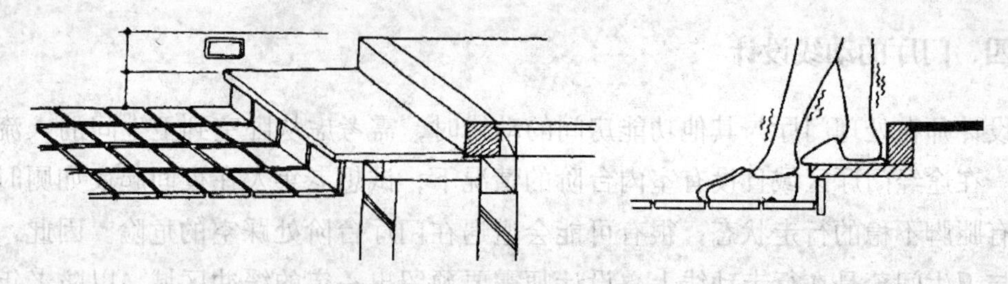

图 5-4　门厅台阶踏步设计

六、门厅的开关插座设置

适老化门厅的开关插座布局需设置合理。一般入户门厅安设有强、弱电箱。强电箱高度可高于室内地坪标高 170cm，弱电箱高度可高于室内地坪标高 25cm。同时为了满足老年人对灯具使用的便利性，适老化门厅最好设计双控开关，这样能够较好地减少老年人开关灯时不必要的行走动线。其中双控开关的安装位置在纵向上可设于室内地坪标高 130cm 处，在横向上距离入户门洞一侧 15cm 处，此数值将作为预设性参考数值。门厅开关插座设置，如图 5-5 所示。

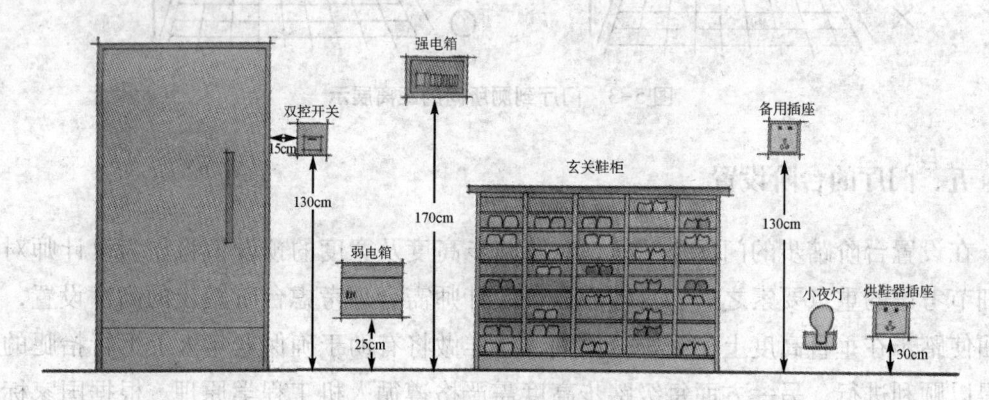

图 5-5　门厅开关插座设置

除了以上从基本多样化功能属性的角度对门厅设计内容进行较全面的阐释以外，为更好地迎合我国当前老龄化时代中老年人消费需求的结构与层次，适老化门厅空间还可以在满足功用的基础上兼顾视觉观赏的功能属性。现如今我国正处于老龄化快速发展的时代，老年人的消费需求已悄然发生着转型与升级，即从原有的生存型消费趋势向当下发展型消费理念的逐一过渡，体现在我国老年人对高品质物质生活与高品位精神生活的逐步递增。关于此点在适老化居住空间设计中门厅部分的表现，具体则是通过“思考 · 讨论”中的“玄关墙”精细化设计予以阐述和体现。

【思考·讨论】

★你知道如何设计玄关与玄关墙吗?

“玄关”一词起源于中国，最早由中国道教修炼的专用名词演变而来，如《道德经》中提及的“玄之又玄，众妙之门”；而玄关墙的设计元素在适老化居住空间的应用上，则是源自我国老式庭院中进门便能观测的影壁[①]这种物质媒介。本章一开始便提到玄关属于居室空间的一种形象工程，充当家居气质的门面，而玄关墙的设计则可以对家居空间的门面进行装点，以映射出居室主人的文化气质与生活底蕴。对于希望追求高品质居住生活标准的老年人用户群体来说，玄关墙的设计能够充分突出并彰显其物质需求与精神文化输出。基于此，根据原有户型的大小与形式的不同，玄关墙设计主要是有两种不同的形式：通透型玄关墙和封闭型玄关墙。接下来针对玄关墙在适老化居住空间的门厅部分的不同设计分类予以介绍。

1. 通透型玄关墙

在适老化居住空间设计中，门厅如遇到户型进门处空间设置较小的情况，玄关墙设计则可以考虑采用通透性的设计处理方式，即通过“半遮半掩”的设计形式，其不仅能够保证老年人与家人之间可以相互关注，同时可避免“一览无余”的设计尴尬，于无形中创设出朦胧而透气的空间层次效果。为了做到这一点，设计师需要对通透型玄关墙的结构细节与装饰选材这两方面进行修饰与雕琢。例如，可融入虚实相生的设计哲学并搭配暖色选材形成带有一定温度的正负形设计；也可采用木格栅与鞋柜相结合的方式，生成视觉渗透的玄关墙；又或是借以观赏性能代替鞋柜的传统性能，借助线型艺术创设空间软隔断。以上几种设计方式均能很好地再现半遮半掩的通透型玄关墙的设计气质。

通透型玄关墙可以从结构造型设计的角度出发，如搭配几何圆造型，寓意圆圆满满，为适老化居住空间带来清正之气；或者在进门玄关处摆放红木家具，利用红木的灵性气质增强家的气场，也为玄关增添中式意境。

2. 封闭型玄关墙

若进门处呈现半封闭式的门厅空间，通常适用于户型较大的家居环境。玄关墙可

① 影壁，也称照壁，古称萧墙，是传统建筑中用于遮挡视线的墙壁，与屏风的作用相似。

直接利用现有一面墙体进行墙体表面的硬质装修，配合矮柜、条案、软装陈设等元素形成类似端景的设计手法，集聚使用功能与视觉欣赏于一体，我们可将这种设计构想称为封闭型玄关墙。墙面硬质装修除了色彩风格和线脚结构以外，在软装上可利用壁挂式诗意山水画来体现壮丽秀美的河山；抑或利用壁挂式花鸟画彰显禅意趣味的室内家居，以充分满足老年人对高品位精神生活的迫切期盼。

【课后实训】

（1）简述智能家居在适老化居住空间门厅（玄关）设计中的应用与优势。

（2）请在图5-6的斜线框区内给出三种不同的适老化居住空间有关门厅（玄关）部分的空间布局设计方案，并分别绘制一张主要的门厅（玄关）空间立面图。

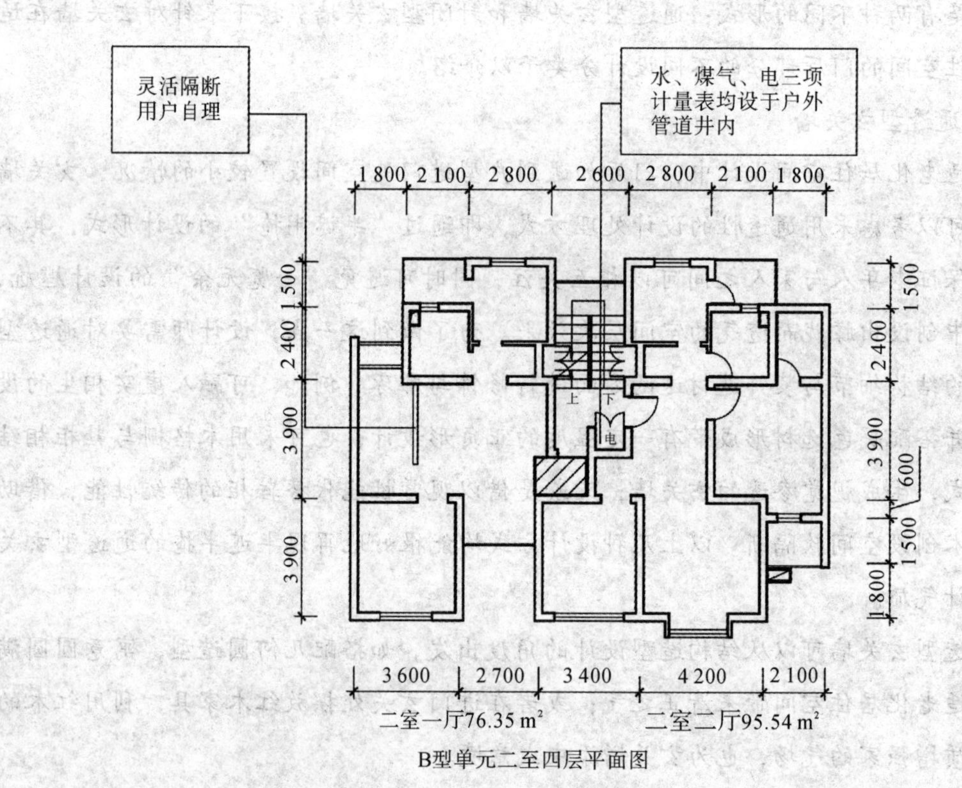

B型单元二至四层平面图

图5-6 斜线框效果图

第二节　起居室设计

起居室是室内重要的公共活动场所，老年人日常的待客社交及看电视、休闲娱乐等家庭活动均在起居室空间中产生。作为生活起居的核心空间，起居室一般处于户型空间结构的中部区域，作为联系其余各空间要素的空间设计枢纽。因此，设计师在具体的设计过程中，需要把控交通动线，消除不必要的交通干扰，同时还需迎合老年人的心理需求与行为能力，促进老年人与家人及外界环境之间的交流与互动。在适老化起居室的空间规划与设计阶段，设计师需要考虑几个主要内容。

一、起居室的空间布局

设计师在起居室的空间布局上，需要合理把握起居室的空间尺度。起居室的开间和进深尺寸往往影响着老年人的通行、家具的摆放、看电视的视距等。通常而言，在老年人的居住空间中，起居室的开间在 3 300~4 500mm。值得注意的是：如果用户为身体康健的自理型老年人，起居室的开间净宽则一般不低于 3 400mm；如果用户为坐轮椅的介护型老年人，则需要纳入轮椅行驶的半径距离，因此起居室的开间净宽一般不可低于 3 700mm。无论是哪一种情况，起居室的进深均不得低于 3 600mm。如果起居室开间过大，超出宜人尺度，则难免带来家具摆放困难的不良后果，同时也会引起相邻的卧室空间过于狭窄的设计弊端；如果起居室进深过大，则容易造成房间深处的采光不足、光线昏暗的不良情形，生活在这样的室内空间环境里，老年人势必会因视野范围差而感到内心憋屈、情绪低落。

二、起居室的动线设计

为防止起居室形成穿行式空间，在人流动线上需要进行有效化的组织。虽然起居室在空间类型与视线设计方面具有开敞、通透、连续的居室空间特点，但在交通动线设计中，设计师应将必要的核心交通流线进行集中整合，并设置于起居室一侧，令其形成交通动线统一完整的空间使用类型，需要尽量避免多余的穿行动线去干扰老年人在起居室空间中的各类活动行为。

三、起居室的家具布置

在起居室的家具布置上需要合理配置。起居室主要的典型家具通常为坐具（沙发、凳子、椅子等)、茶几、电视柜，三者紧密相连。坐具需偏重于面向门厅区域且尽量不背对门厅，因为面向门厅的坐具摆放朝向可以使老年人坐在上面不必做出扭头转身的动作便可了解门厅的情况；同时，坐具的数量也应按照实际需求而设定，不宜过多而导致空间封闭，以免给老年人造成通行的不便。在适老化的起居室内，适宜设置老年人专座，且专座应设置在老年人出入便利的地方，还要确保老年人专座的位置区域拥有良好的日照光线，以提高老年人的使用舒适度。起居室中茶几的高度设计应略高于坐具的坐面，这样坐在坐具上的老年人可以不需要过渡弯腰或身体前倾便可完成取放物品的动作。因此，茶几高度需设置在500mm左右的范围较为合适。茶几与坐具间同样需要预留足够的通行距离，为老年人在顺利就座后留有可以伸腿的空间，因此茶几与坐具间的间距不可小于300mm。为保证坐轮椅的老年人能顺利通过，茶几与电视柜的距离不应低于800mm（轮椅通行宽度一般在750mm）。此外考虑到老年人听觉、视力的逐渐衰退，电视机与坐具间的距离不宜过远，一般设置在2 000~3 000mm的范围，如图5-7所示。如果起居室空间充裕（开间尺度超过4 500mm），坐具一般不直接靠墙摆放，否则容易影响老年人观看电视的视距效果。通常是在坐具与墙体间设有通行空间或置放桌椅、吧台一类的家具，但此时坐具与墙体间的通行距离不应小于800mm。

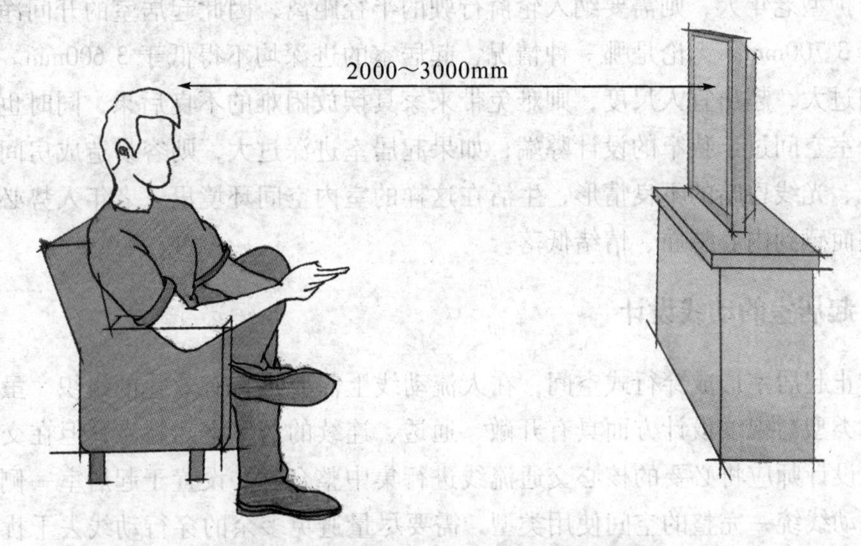

图5-7　电视机与坐具间的距离示意图

四、起居室的立面及顶面规划

在立面规划上，起居室、餐厅、卧室三个联系紧密的居室空间应尽可能处于同一室内地坪标高，避免空间之间在交通动线上存在垂直型高低落差。但这并非是设计构思上的绝对化，如在一些适老化居住空间中，设计师为营造视觉层次，起居室与餐厅往往会形成两个踏步高度的室内地坪标高差，基于此，若从安全性能的角度考虑，设计师可采用坡道设计进行起居室与餐厅的连接，通过坡道化消除室内台阶带来的地坪高差。这样不仅可以营造视觉效果的高低错落感，同时也能够很好地解决安全性能问题，可谓一举两得。

适老化起居室的顶面设计不宜采用过多的顶面造型，本书建议设计师使用简洁明快的装饰风格，而且在顶面的色彩运用、结构设计上建议与整体居室风格相一致。举个简单例子，由于适老化居住空间中各类家具的边角均需做特殊圆角化处理，形成统一倒圆角的设计细节，而为了延续这一设计细节，形成完整协调的设计，在老年人的起居室顶面设计中可添加圆角化的装饰线脚或跌级吊顶。

五、起居室的地铺选材

适老化起居室在地铺选材上主要是考虑防滑易清洁的功能。本书推荐采用木地板，其具有柔软防滑的材料特性，应避免使用石材地砖一类防滑指数不高的装饰材料；同时，地铺材料需要具备环保易清洁的特性，且地面铺装要做到平整，材料衔接处不能采用高差处理，以防老年人绊倒、摔伤。

六、起居室的智能家居设计

智能照明系统[①]在老年人起居室中的运用，是设计师优先需要考虑的智能家居产品。智能照明系统作为最基础的家居产品之一，能够为老年人的起居生活带来多元化、便捷式的生活体验以及为老年人创设新型的生活方式。举个简单例子，如智能照明系统能够给老年人用户群体提供不同的起居室色彩及不同的场景感观体验，老年人平时可依据自己的喜好设置，在客厅空间依据心情设定出不同的客厅场景并加以储存，在平日生活中可随时调出自己喜爱的灯光场景，以起到缓解老年人自身压力与放松心情的作用。

为创设老年人高品位的精神生活，适老化起居室内可纳入智能鱼缸设计。一方面，鱼缸本身凭借色彩斑斓的鱼的游动，为老年人的晚年生活起到了净化心灵、舒缓情绪的作用；另一方面，智能鱼缸作为传统鱼缸的智能化升级，是适老化居住空间家居智

---

① 智能照明系统作为家居智能化产品的体现，通常具有远程一键操控、定时/延时控制操作、灯光软启动操作、不同场景的体验与记忆等功能。

能环节的重要组成部分。许多老年人在退休后加入了养鱼爱好者的行列，却时常被养鱼这一难题所困扰，如不懂得如何饲养金鱼或是缺少足够精力照顾鱼儿，抑或经常忘记为鱼儿喂食等。因此，智能鱼缸控制系统可以很好地帮助老年人解决养鱼过程中难以攻克的难关。老年人可通过手机微信或 APP 进行简单操作，通过远程控制鱼缸 LED 照明、水系净化、温度调控、充氧控制、喂食提醒等功能，从而杜绝老年人在养鱼过程中遇到的一系列障碍。有的智能鱼缸还具备定时情境模式，通过营造不同的色彩环境，为老年人的养鱼体验增添更多的生活趣味。

适老化起居室可采用电动窗帘或智能窗帘，它们作为智能家居设计的应用领域，是为了适应现代家居生活需求而推进的一种智能家居设计门类。

电动窗帘，顾名思义，就是通过借助电力（直流电、交流电及电磁等）的方式驱动主控制器，代替直接采用人力开启或关闭的窗帘。具体来说，电动窗帘利用控制窗帘开闭的智能控制器系统、操作和设置主控制器的无线控置器以及拉动窗帘的电机与拉动机构组成，因而电动窗帘除了具有遮光挡阳、隔热保温、调节视线、隔离噪音、保护隐私等普通窗帘应有的基本功能以外，还兼具良好的智能效果。一方面，老年人可通过无线控制器随意地控制窗帘的开启，无须手动进行窗帘拉动；另一方面，老年人通过定时设置功能对窗帘进行提前预约，这样可以在不发生意外的情况下便可对窗帘进行自动式移动，方便老年人和家人的使用。电动窗帘由于采用静音走珠和齿轮皮带，在窗帘相互摩擦时能够使声音降至最低，比传统手动式窗帘所产生的噪音要小很多，能够达到良好的静音效果。

智能窗帘除了具备电动窗帘的功能之外，还带有一定智能化操作、调节、控制的功能。例如智能窗帘可以根据室内环境状况自动调试光线强度、空气湿度、平衡室温等，甚至还具备智能光控、智能雨控、智能风控等智能化特点。智能窗帘的应用无疑是为适老化居住空间带来别样的用户体验。智能窗帘的安装一般搭配智能电机、运行轨道、遥控器、锂电池、智能家居网管等设备。

【思考·讨论】

★从人机工程学角度出发，试列举 3~5 例适老化起居室的精细化设计。

★适老化起居室的吊顶设计应从哪些方面进行考虑？

【课后实训】

(1) 简述智能家居在适老化起居室中的设计应用及体现优势。

（2）请在图 5-8 中的斜线框内给出两种不同的适老化起居室空间布局设计方案，并分别绘制 2 张主要的起居室空间立面图。

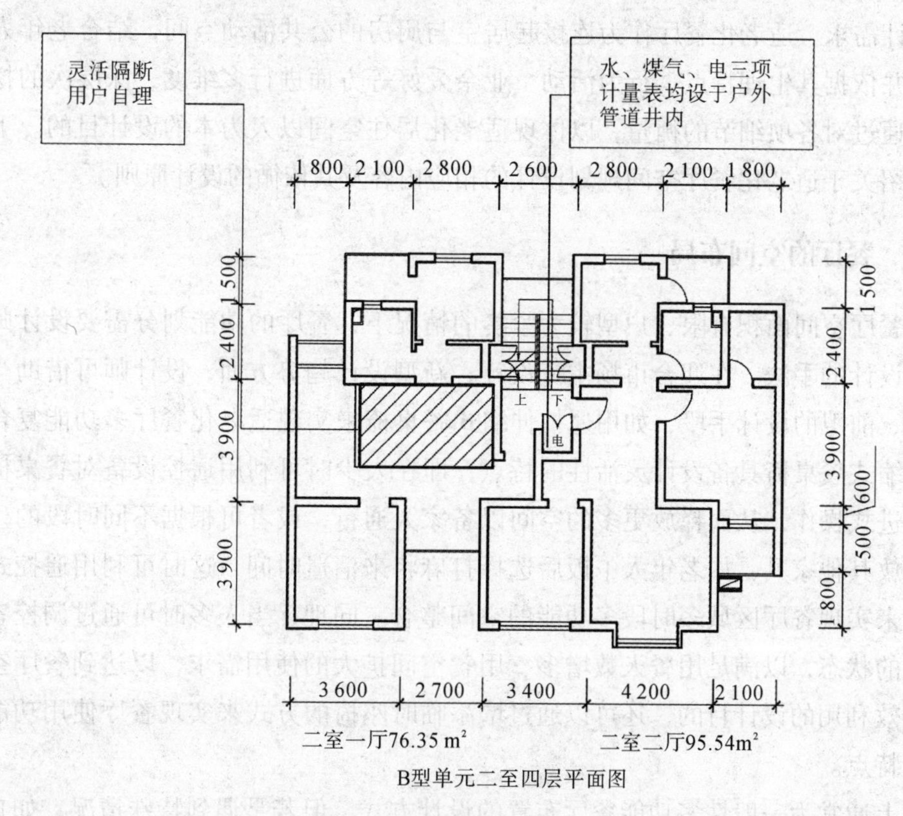

图 5-8　斜线框效果图

第三节　餐厅设计

餐厅是一家人团聚、聚餐、休闲、交流的家居场所。对于适老化餐厅而言，其服务对象往往为老年人用户这一特殊的族群，餐厅空间的规划设计需要设计师建构对老年人日常各类生活特征的认知基础，围绕老年人一日三餐的生活习惯与使用行为，针对其功能划分、动线走向、细节设计等开展相应的设计活动。如餐厅功能设计除了需要向老年人提供备餐、就餐等基本生活需求以外，有些老年人时常会选择利用餐桌台面来参与一些家务活动如择菜以及其他娱乐活动等。因此，适老化餐厅的多功能性特点是当下及未来生活所需的设计趋势。餐厅作为老年人日常生活使用频率较高的区域化空间，不仅属于适老化居住空间独特的核心场所，更充当了与起居室同等地位的家居公共活动空间，因而餐厅的动线分配与视线分析给设计师提出了更高的且更具个性化的设计需求。适老化餐厅作为连接起居室与厨房的公共活动空间，结合老年人用户族群，并依据其生理特点、行为活动、业余爱好等方面进行多维度、深层次的挖掘与剖析，通过对各项细节的衡量，以体现适老化居住空间以人为本的设计目的。下面将具体介绍关于适老化餐厅空间规划设计的相应内容及其依循的设计原则。

一、餐厅的空间布局

在餐厅空间面积有限、户型较为紧凑的情况下，餐厅的功能划分需要设计师融入多功能设计的手法。在迎合市场主流设计、新型设计趋势方面，设计师可借助当前较为潮流、前卫的设计手段，如用遥控伸缩式餐桌椅来实现适老化餐厅多功能复合的特点。伸缩式餐桌椅具备设计灵活性的特点，即在人少时可利用遥控设备对餐桌椅进行折叠收进式操作，从而释放更多的空间以备家人通行，或者可根据不同时段的生活所需来摆放其他家具，如老年人午饭后选择打麻将来消遣时间，这时可利用遥控式伸缩餐桌椅来实现餐厅区域多时段多功能的空间整合。同理，当人多时可通过调控餐桌椅至伸展的状态，以满足用餐人数增多、用餐空间扩大的使用需求，以达到餐厅空间最大化有效利用的设计目的，还可以通过增添临时座椅的方式来实现餐厅使用功能灵活转换的特点。

以上通常为一般性多功能餐厅布置的设计方式，但若是遇到特殊情况，如户型空间较为充裕或家里有使用轮椅的老年人居住的情况，设计师则需要依据具体情况进行具体分析。在空间尺度方面，设计师需预留出轮椅停放和轮椅通行的宽裕空间，便于使用轮椅的老年人能顺利参与家中的团聚活动。同时为达到多功能用途的设计目的与使用需求，设计师可结合当前流行的设计趋势，如置入榻榻米或卡座设计（在家居设计中往往根据不同的户型而设置不同的卡座形式，因而卡座在家居设计中呈多样化形式特点。卡座一般可分为单面卡座、双面卡座、L 形卡座、弧形卡座、U 形卡座五种），利用不同的卡座平面形式来达到节省空间、增加收纳的使用需求。因而榻榻米或卡座的设计在适老化餐厅中，一方面可以代替笨重座椅以容纳更多的就餐人数，为适老化居住空间的家具收纳带来更多的设计福音；另一方面榻榻米或卡座可充分利用角落空间，以发挥餐厅空间多功能转换为目的，为老年人平日的多功能生活方式提供设计服务。此外在满足多种功用目的的基础上，可将榻榻米和卡座应用于餐厅区域，为适老化居住空间创设出怡人温馨的就餐氛围。从这点来看，榻榻米和卡座的设计手法与应用方式能够为老年人晚年的物质生活和精神需求提供相关帮助，尤其会成为小户型适老化居住空间的首要选择，设计师可将其充分运用于适老化居住空间的场景规划和空间布置中。

二、餐厅的动线设计

在餐厅动线设计上需要确保餐厅和厨房两者之间的有效联通，以避免距离过远的设计弊端。在适老化居住空间中，餐厅空间的方位规划最好遵循“临近厨房”的设计原则，这样不仅能够让老年人在端菜、取放餐具等日常生活行为中更为便利、快捷，还能够有效地排除因老年人长时间手握餐具而导致行走距离过长的使用后果。因而设计师可以通过采取优化动线和缩短距离的设计思路，从而减轻老年人因频繁进出厨房而带来过度劳累的使用负担。通过利用餐边柜或备餐台的储物功能为老年人的一日三餐进行一些简单的备餐工作，降低不必要的人流动线。落实到具体的操作上，设计师可以选用造型简约的斗柜置于餐厅一角，用于置放就餐用具。如果老年人生活杂物过多，设计师可采用全封闭式柜门的设计手法，以避免造成杂乱无章的视觉影响。此外，如果餐厅空间的条件充裕，在餐厅与厨房之间的动线设计上可安排设置备餐台。因为备餐台的益处在于它可以让老年人进行一些简单的备餐工作，如榨果汁、拌菜、做凉菜拼盘等。如果餐厅空间的条件不充裕，可更换其他的设计方式。如设计师可以利用餐边柜顶部当作备餐台的一种使用方法，抑或老年人可在台面上放置榨汁机等常用小家电，做到充分利用多样化的设计方法与使用理念以满足老年人日常的生活需求。

三、餐厅的视线设计

适老化餐厅在视线设计上需要确保餐厨间的视觉联系。餐厨之间不仅需要构建出人流动线较好的联通性，同时还要搭建餐厨空间的视觉联系以充分满足视线设计的需求，切记不要产生视域空间过于封闭的设计后果，其考虑的原因多源于和老年人的身体机能日渐衰退相关。在大多数情况下，老年人的视觉、听觉等各项身体机能正随着年龄的增长而逐步衰退，这在无形中会对老年人造成一定的生活困扰，因而家人在厨房劳务时需要及时观测老年人当下的活动轨迹。在餐厅和厨房空间内从事各类活动的老年人与其家人，他们往往需要彼此间能够进行语言交流与视线“沟通”，从而得以实时了解对方的活动状态。基于此，设计师可以通过设计介入来消除视线阻隔。具体来说，设计师在对餐厅做空间规划设计时需要纳入视线分析的环节，结合老年人具体的生活情境来对自己的设计做预测性评估，以减少设计建成后的家居环境会对老年人的后续生活带来不安因素。通过让视域空间透明化，降低使用者面对突发状况的措手不及。因此，在具体的可操作性环节上，设计师可采取在墙体界面开窗洞或安装可拆卸式隔门、移门等设计手法，使餐厅呈现出半围合或半开放的空间开合形式，以求达到使用者视线贯通的设计成效。倘若设计师在最初的空间规划设计阶段中只注重餐厅功能的划分和动线设计，而不予考虑餐厅区域的视线设计，则建成设计将很有可能产生使用者对彼此间的生活轨迹全然不知的使用境地。因此，从全局宏观视角来看，视线分析设计并非属于居室空间规划设计的附属品，尤其是在适老化居住空间中，它更多的是体现一种人性化的设计关怀，通过利用视线分析的设计方式来关爱老年人的居住生活品质。

四、餐厅的地铺材料

适老化餐厅地面选材应采用防滑地铺材料，如通体砖、防滑砖、釉面砖等，这样即便地面在使用过程中被水浸湿，也能够较好地避免老年人滑倒、摔伤。

五、餐厅的收纳空间设置

适老化餐厅内可在适当位置融入储物收纳的功能，如前文提到的榻榻米或卡座，不仅在功能上满足老年人就座与休闲的基本需求，而且还兼顾储物收纳的附属功能。然而，餐厅收纳还远不止这些。通常来讲，居室餐厅常见的收纳方式一般有两种：餐边柜和搁板。餐边柜兼顾了设计感与实用性，被人们看作携带储物功能的家居装饰品。如果老年人平日里有收藏碗盘杯子或陶瓷器皿的爱好，可将其放置在安装了玻璃门的餐边柜中，以起到很好的展示功效；如果餐厅空间较为狭小无法放下餐边柜，设计师可采用其他方法，如墙上安装搁板的设计方式，利用墙体界面打造适老化餐厅的小型储物空间，老年人可将自己平日喜欢收藏的饰品摆放于搁板之上，形成独具设计感与个性化的适老化收纳空间，达到收纳、展示、美观、个性为一体的设计成效。

餐厅可配合玄关进行收纳。通常一个家庭的行走动线一般为“进门→经过玄关→进入餐厅”。因此，适老化餐厅收纳可采取一般家居空间类似的设计手法，将玄关收纳作为餐厅收纳的一部分，用于随时处理餐厅内老年人的生活杂物。对于其配色则尽量选用低调浅色系风格，例如浅色搭配原木色以减少空间的压抑感等。

以上列举的关于适老化餐厅空间的收纳方式，通过思维导图进行归纳与总结，如图 5-9 所示。

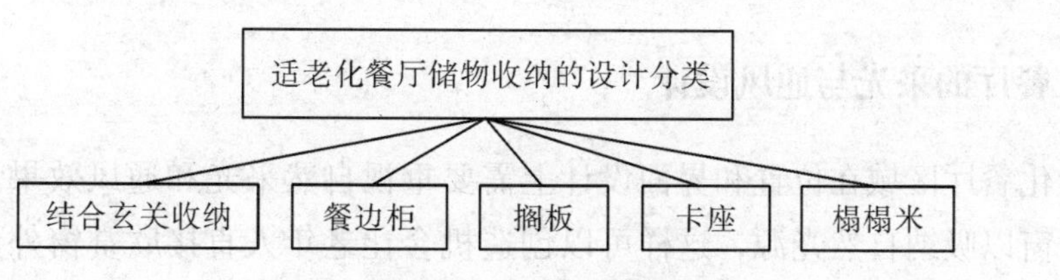

图 5-9　适老化餐厅空间的收纳方式

在满足储物收纳的基础上，设计师需要对生活物品进行整理和归类，可依据老年人使用频率的高低性，将物品摆放至适宜的高度范围。由于适老化餐厅所需承载的物品通常是依据老年人的日常生活习惯进行添置的，而餐厅盛放的生活物品中不仅有刀、叉等高频就餐用具，还有老年人所需的其余低频生活物品，因而设计师在设计时，需要针对高频就餐用具进行规划，将其设置在老年人易拿取的范围高度，同时对于老年人的低频生活物品，可将其设置在其余收纳的高度范围，以便做到主次之分、层次分明。通过对老年人所需的高频物品和低频物品进行分类分析不难发现，利用收纳柜或置物架在层板高度上的不同分割，可以有效防止老年人因做出费力姿势拿取物品而导致物品滑落砸伤自己。依据人机工程学原理，可将 900~1 800mm 的区域范围视作收纳储物的高频使用区，而低于 900mm 或高于 1 800mm 的区域范围可视作收纳储物的低频使用区。餐厅收纳储物低高频区域尺度示意如图 5-10 所示。

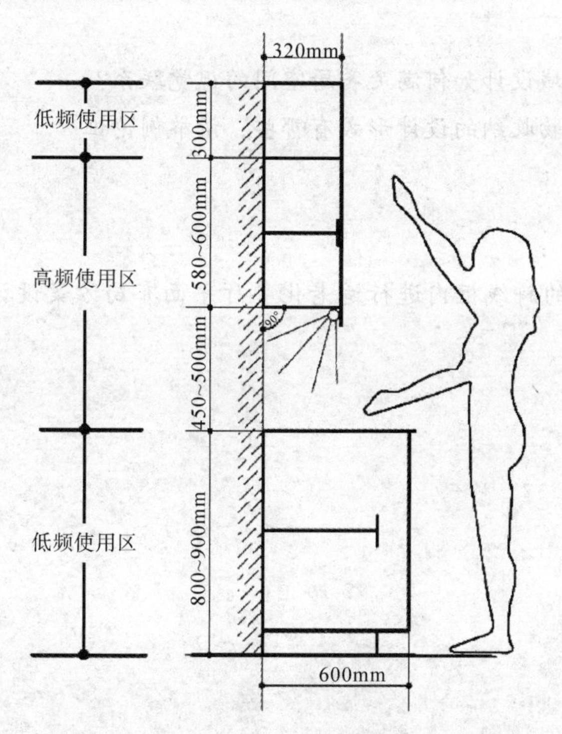

图 5-10　餐厅收纳储物低高频区域尺度示意图

六、餐厅的采光与通风设计

适老化餐厅区域在位置和界面设计上需要重视自然采光和通风效果。餐厅可以直接对外开窗以吸纳自然光源，这样可以创造机会让老年人直接欣赏窗外景致。如果户型存在受限制的情况，餐厅可借助阳台或厨房等大面积开窗的毗邻空间进行间接性采光来获取自然光照，这对于营造老年人身心愉悦的居室环境同样奏效。

七、餐厅的照明设计

餐厅在保证全局照明设计的基础上，可在天花吊顶处内置嵌入式筒灯以照亮餐厅整个区域；同时另需局部照明设计，即在餐桌正上方打上焦点光，通常采用以聚光灯为代表的吊灯设计，通过局部照明让食物看起来更加美味，以此促进老年人的食欲。因而适老化餐厅照明需在全局照明的基础上，增设局部光照，且局部照明灯光的色温建议选择 2 500~2 800k 范围的暖黄色灯光。依据人机工程学原理，吊灯距离餐桌桌面约 76~91cm 较为舒适，以餐桌为参照物，吊灯直径约为餐桌宽度的一半为最佳。

【思考·讨论】

★适老化餐厅区域设计如何满足餐厨空间的视觉联系？

★适老化餐厅储物收纳的设计形式有哪些，请举例论证。

【课后实训】

请在图 5-11 中的斜线框内进行适老化餐厅平面布局方案设计，并绘制两张主要的餐厅立面图。

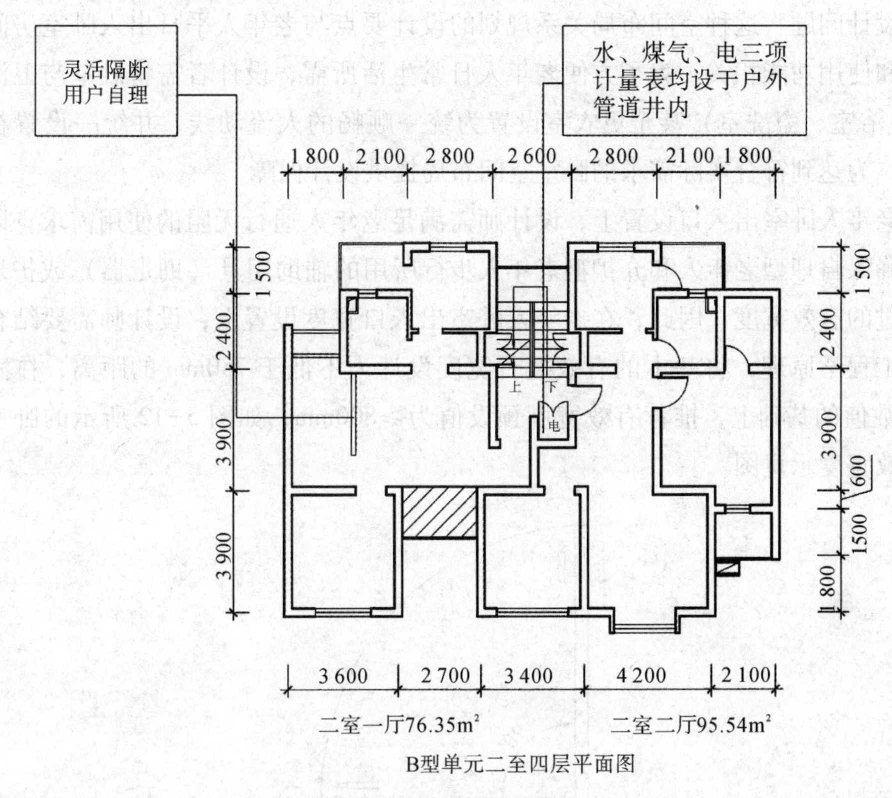

图 5-11　斜线框效果图

第四节　卧室设计

卧室作为老年人夜间睡眠及日常休息的室内局部空间，相对于中青年人群的卧室而言更加重视设计的私密性，同时安全性与舒适度也是必须考虑的设计要点。为了让老年人长时间保持舒适愉悦的生活作息，设计师在卧室空间设计方面需将通风、采光、隔音等要素纳入核心的设计范畴。此外，设计师还需要考虑老年人在入睡中可能发生的健康隐患问题，在老年人卧房空间规划设计方面要求设计师掌握充分、完整的设计内容与细节。

一、卧室空间布局设计

老年人卧室与整体房间的布局关系，是设计师首要面临和解决的“总一分”的空间规划设计问题。这种空间布局关系规划的设计要点与老年人平日出入卧室房间的行走动线和使用功能相关，为了方便老年人日常生活所需，设计者需将卧室与卫浴空间（厕所、浴室、盥洗室）甚至更衣室设置为统一顺畅的人流动线，并统一设置在同一层高内，为达到符合实际需求的卧室空间布局提供设计保障。

在老年人卧室出入口设置上，设计师需满足老年人通行无阻的使用需求，因而设计师应确保自理型老年人和介护型老年人步行所用的辅助用具（助走器）或护理轮椅所能通过的有效宽度。因此，在老年人卧室出入口宽度设置上，设计师需要结合具体的人机工程学原理，将基本的有效通行宽度设计为不低于750mm的距离，在满足≥750mm数值的基础上，推荐有效宽度预设值为≥800mm，如图5-12所示的卧室平开门的有效宽度示意图。

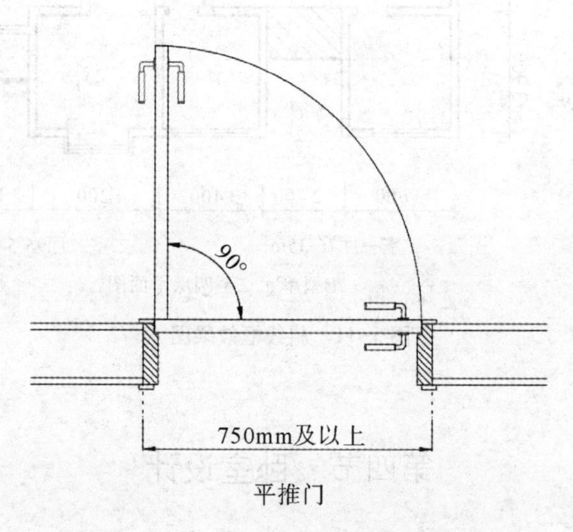

图5-12　卧室平开门的有效宽度示意图

在老年人卧室空间规划设计方面，设计师需要合理把握空间的尺度问题。卧室的开间和进深是空间尺度的首要问题。老年人卧室的面宽一般不低于3 600mm，其净尺寸也应大于3 250mm，这个尺寸的结果主要是依据家具基本尺度与通行尺度的叠加换算而来。设想床的长度在2 000~2 100mm，轮椅的通行尺度不能低于800mm，床头柜的宽度一般在450~600mm，将三者相加并各取最低值换算，从而得出3 250mm的净面宽。在此基础上，考虑到空间中轮椅使用及介助型老年人必备的个人专护，卧室房门的尺度还应设计出预留轮椅回转的必要空间及护理人员所需的活动空间，所以进门处的有效通行宽度可做适当放大化处理。试想一下，如果老年人在家中遭遇突发危险时需要使用急救担架对其进行帮助，若进门处设置宽度较为狭窄，则势必会导致急救担架难以进入房间或不能顺利通行的不良后果，因此适老化卧室房门的有效净宽需控制在800~850mm范围。而关于老年人卧室的进深尺寸，可根据具体情况做适当地加大考虑：如果是单人卧室，进深通常不低于3 600mm；如果是双人卧室，进深则不能低于4 200mm。因此，老年人卧室房间的净使用面积需大于9m²，若条件满足，推荐净使用面积大于12m²。

此外，在卧室环境的舒适度上，需要给予老年人一些集中活动的空间，以便其能够在家中享受到阳光浴，欣赏室外的良辰美景，所以集中活动空间适宜靠近采光窗进行设置。但如果条件有限无法满足的情况下，则可以通过结合落地凸窗或阳台的方式扩大集中活动区域，从而创设出供老年人完整的活动场所。

二、卧室地铺材料

在卧室地面材料装修上，为防止老年人滑倒、摔倒，应考虑地面的防滑功能，使用防滑与环保的地铺材料；同时，设计师需注意卧室地面的平整度，避免老年人摔倒、滑倒而引发安全事故。

三、卧室家具设计

在适老化卧室家具布局方面，需要设计师具备相应的灵活性。考虑到部分老年人会依据季节交替或自身生活需求，时常伴有变换家具的生活意愿来达到最佳的舒适状态。因此，在卧室空间尺寸设置及门窗位置问题上，设计师应预先考虑老年人的多样化需求，从而为实现不同家具的摆放方式和设置角度创造有益条件。如将窗边墙垛的宽度设置为大于床头的宽度，这样有利于床位置的多方位调整。又如冬季老年人床的位置可靠近采光窗以获得充足阳光的照射；而夏季则正好相反，为避免阳光直射于老年人床面，夏季期间床的位置需要进行适当挪动以避开采光窗。因此，适老化卧室中床的设置在整体家具设计中其灵活度最高，往往与季节交替、气候变化等可变因素息息相关，在其设置上也对卧室的窗墙尺寸提出标准化需求。

四、卧室门窗的隔扇设计

在卧室门窗的隔扇设计上，门窗开闭形式应尽可能满足老年人使用的实用性与安全性。设计师在对适老化空间的门窗隔扇进行装饰选材时，可在有可能与老年人身体接触的部分设计安全玻璃（如钢化玻璃、夹层玻璃等）或使用带横条的门窗隔扇以预防意外性危险事故的发生，同时可通过真空隔音玻璃来加强老年人所在卧室的隔音效果，减少噪声污染，避免老年人在卧室中休息时受到外界喧哗与吵闹的影响。这在国外养老公寓及适老化居室空间中受到广泛关注和重视，包括卧室窗帘设计可选用家居智能电动窗帘等。此外，适老化卧室的门窗隔扇需考虑老年人在卧房休息中对采光通风的需求，因而窗扇面积大小及位置的设定需分析和考量卧室通风换气的功能，以保障室内外空气流动的顺畅度及避免通风死角的产生，因而在条件允许的情况下建议采用复合式开闭窗扇。由于其本身多元的窗扇开闭方式，可依据不同时间段内老年人对卧室的使用需求来调节卧室通风时的风量。如在晨间，老年人起床后需要开窗进行通风换气，这时可将复合窗调至推拉开启的状态以扩大通风面积；而当老年人午休时为避免其感冒，这时需要适度减小室内外通风换气的风量，则可以将复合窗采用“内开内倒式”开启角度，将室外风导入室内高处，从而避免风向直吹老年人，以满足老年人对室内通风换气的舒适度需求。因此，设计师通过控制门窗洞口定位及合理采用不同的窗扇开启方法，为适老化卧房中导风气流分布的均匀化与合理性带来不小的益处。窗扇设计示意图，如图 5-13 所示。

采用复合开启式窗扇调节风量

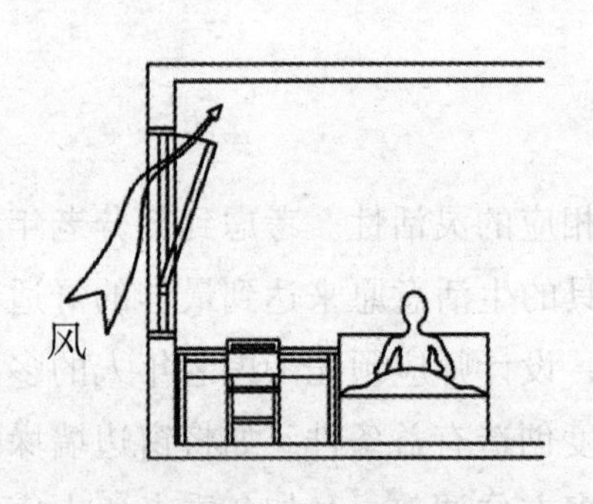

窗扇设计得既可以平开也可以内、外倒开，可根据需要更换其开启方式，起到调节风量和控制风向的作用。

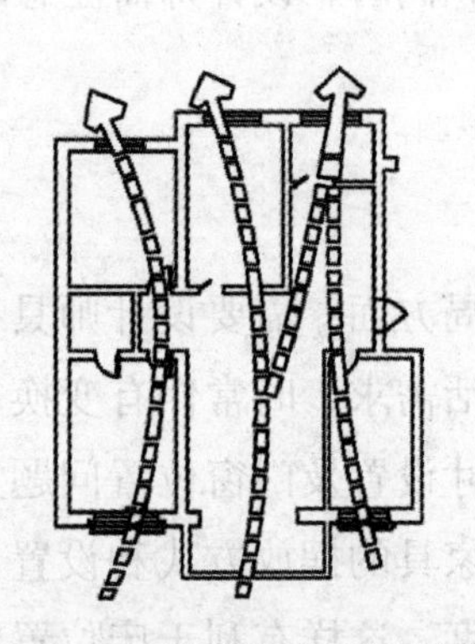

室内的通风设计，门窗和洞口的对位是关键，以形成顺畅的风路为设计目的。

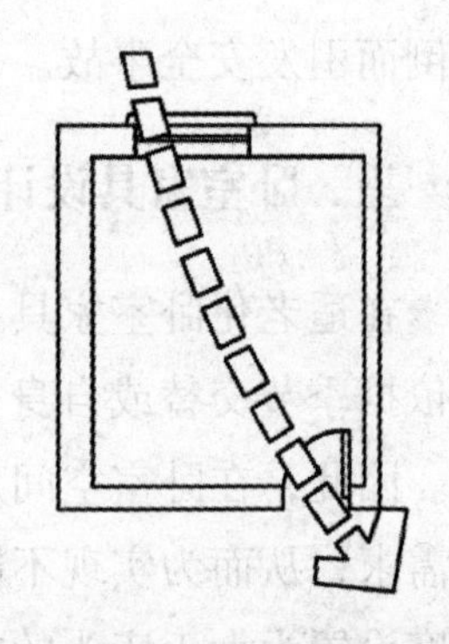

同一房间的门窗宜沿房间对角线布置，扩大风的流动面积，使气流分布更均匀。

图 5-13　窗扇设计示意图

五、卧室收纳空间设计

老年人卧室的物品收纳也是精细化设计的重点内容。设计师不仅需要确保合适的收纳物品容量外，还需要选择恰当的高频收纳区用于存放老年人日常所需的生活用品。这样可以避免老年人在拿取衣物、被褥等物件时做出蹲下、弯腰等费力的姿势与动作，方便老年人轻松拿取。为方便老年人使用，高频收纳区的高度范围通常设置在 400~1 500mm 的中部区域，1 500mm 以上的收纳空间可用于存放老年人不经常使用的其他生活物品。卧室收纳空间立面示意图，如图 5-14 所示。

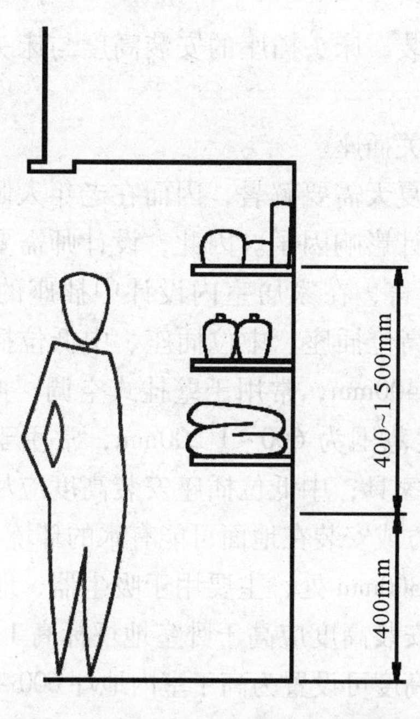

图 5-14 卧室收纳空间立面示意图

六、卧室开关与插座设计

老年人卧室中的开关插座需要合理布置和安装，以体现人性化设计与人机工程学原理在适老化居室中的设计应用。老年人卧室的开关插座主要集中在四处，其中三处主要作为老年人卧室设计的通用性考虑要素，即卧室双控开关、床头开关与床头插座以及壁挂式空调开关插座，下面将具体介绍。

第一处：卧室双控开关。

在老年人卧室进门处一侧，设计师需要设计双控开关，这一点非常重要。举个简单例子，如老年人临睡前关灯可以不用下床走到卧室门口，直接在临床一侧的伸手范围内关闭即可，这样可以有效地减少老年人不必要的行走动线。基于人机工程学原理，卧室双控开关的安装高度约高于室内地坪 130cm，且与卧室门洞一侧边缘相距约 5cm 处进行设计安装。此外，在一侧床头柜上方也需要安装一个标配开关，以达到双控开关的使用功效。

第二处：床头开关与床头插座。

床头开关可以起到控制卧室全局照明开闭的作用，床头开关安装高度为高于卧室地坪标高 80cm。床头插座也是卧室中必不可少的设计要素，它可用于手机插电以及调控床头灯、地灯或阅读灯等作用；通常床头插座设计在床头两侧，其中一侧插座在床头标配开关的邻近处进行安装，床头插座的安装高度与床头开关同等，均为高于卧室地坪标高 80cm 处。

第三处：壁挂式空调开关插座。

老年人冬天需要保暖，夏天需要解暑，因而在老年人卧室中，空调开关与插座设计也是适老化居住空间的设计影响因子。因此，设计师需要将开关与插座设计纳入具体的基本设计内容。一般而言，在家居室内设计中插座的安装高度可分为四种方式（如图 5-15 所示），分别为高位插座、中位插座、中低位插座和低位插座。高位插座的安装高度范围为 2 000~2 400mm，常用于壁挂式空调、抽油烟机、电冰箱等较大型家具；中位插座的安装高度范围为 600 ~ 1 200mm，常用于洗衣机、电脑、电视、台灯、厨房小型家电等中小型家具；中低位插座安装高度应尽量设置在距离地面 600mm 左右处，主要位于电视柜后方或安装在地面可能有水的环境（卫生间）中；低位插座安装高度一般设置在距离地面 300mm 处，主要用于吸尘器、地灯等小型家具。综上所述，壁挂式空调的开关与插座的安装高度应高于卧室地坪标高 1 800 ~ 2 000mm，属于高位插座；卧室电脑及台灯的安装高度可设置为高于室内地坪 600 ~ 1 200mm，属中位插座。

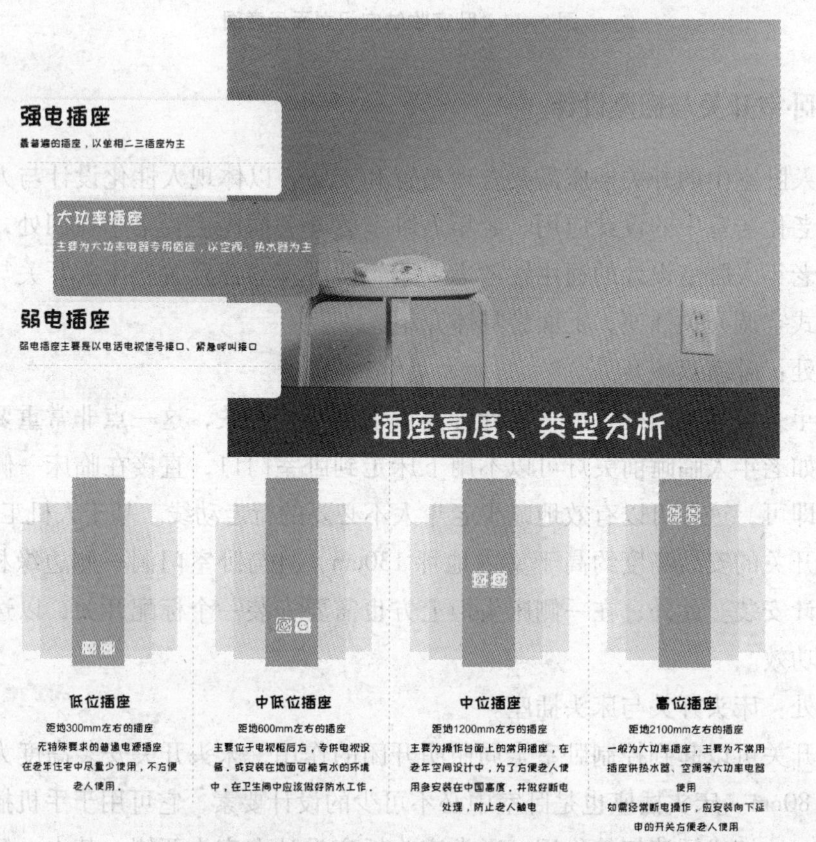

图 5-15　老年人卧室开关与插座设计示意图一

由于原户型设置的不同与多样化，在一些具体的户型设计中，老年人卧室会添加内置书房或在临近床榻区域增设书桌的情况，设计师则不可避免的需要考虑小电器与电脑插座的安装需求，此为第四处开关插座设计要点。而书桌电脑插座+网线接口的安装高度应高于卧室地坪标高 30cm，属于地位插座，相关设计示意图如图 5-16 所示。而第四处开关插座的设计要点需要设计师依据原户型设置与老年人对居住空间的个性化需求来做具体的设计安排，其并非适用于所有适老化卧室的空间设计。

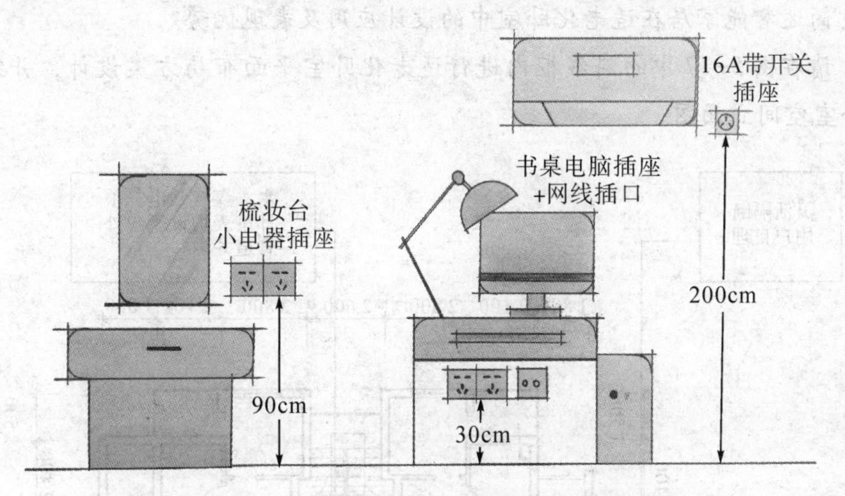

图 5-16　老年人卧室开关与插座设计示意图二

七、卧室智能家居设计

随着我国智能家居的不断发展，在适老化卧室照明设计上可引入家居灯光远程控制系统。该系统主要是通过智能调光、遥控开关、定时开关及编程组合灯光控制等新型技术去营造室内家居智能照明的新境界。例如，在老年人临睡时，通过遥控系统或 APP 一键关闭家中所有的照明灯具。在老年人夜间起夜时，通过床下安装的人体热红外感应器感应老年人下床的动作，卧室床边、卫生间灯或走廊灯光将自动打开，而灯光远程控制系统通过软启动方式操作①将室内灯光调至微光状态，并自动设置到人眼舒适的照度范围。这一方面可以预防灯泡直接开启致使强光刺伤老年人眼睛的现象，另一方面通过减少电流对灯泡的冲击来保护灯泡，延长灯泡的使用寿命。待老年人就寝后，灯光自动关闭，有效避免老年人忘记关灯的现象发生，从而节约电费支出。由此可见，在适老化卧室中引入灯光远程控制系统为老年人的居住生活带来极大的便利。

---

①　灯光软启动方式操作是指让开灯及关灯的节奏变得缓慢，即开灯时灯光逐渐由暗变亮，而关灯时灯光逐渐由亮变暗，直至最终关闭。

【思考·讨论】

★适老化卧室的精细化设计具体可体现在哪些方面？

【课后实训】

（1）简述智能家居在适老化卧室中的设计应用及表现优势。

（2）请在图5-17中的斜线框内进行适老化卧室平面布局方案设计，并绘制两张主要的卧室空间立面图。

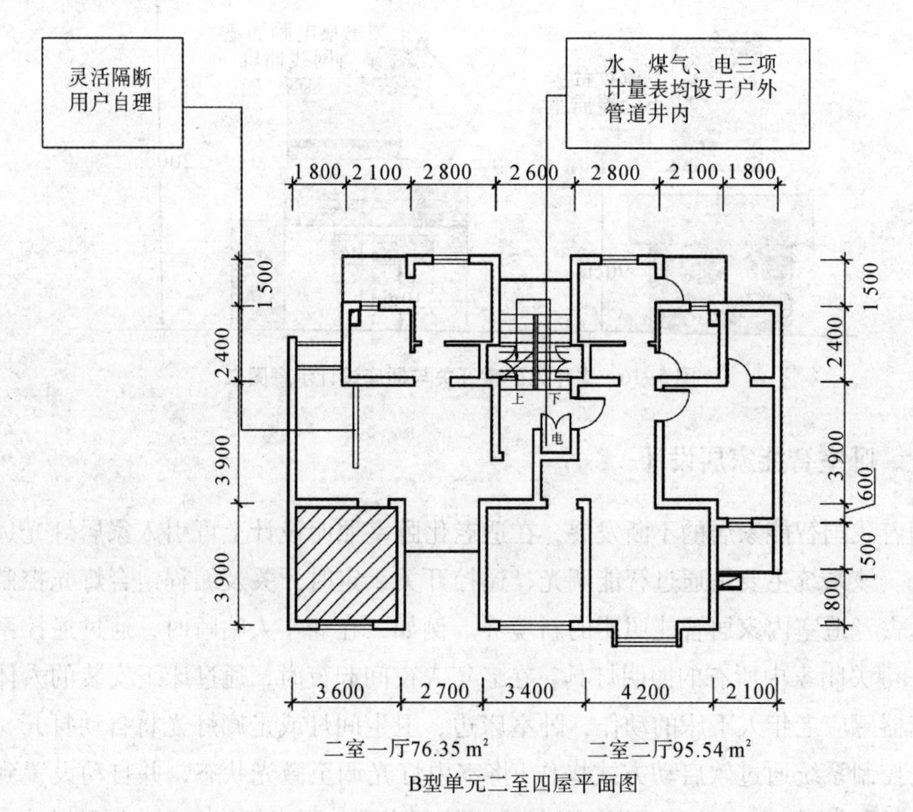

图5-17　斜线框效果图

第五节　厨房设计

厨房是家居生活中人们用于做饭、收拾、整理餐具的空间场所。老年人日常的主要活动大多是在厨房展开，且老年人在厨房停留的时间也相对较长。即使对于自理型老年人而言，长时间从事做饭和操持家务的活动，也难免会感觉疲惫。因此，细致完备且富有人性化的厨房设计，是追求适老化居住空间中以人为本的设计宗旨的目标体现，同时也是实现老年人自主生活的基础和设计目的。基于此，设计师应遵循的思维路径是，既要做到充分考虑如何使老年人做饭这件事变得更加轻松愉悦，同时还要衡量老年人做饭时所面临的特殊情况，如防火、防滑等安全性问题。

一、厨房空间布局设计

在厨房空间中，设计者需要为老年人提供合理的操作活动空间。换言之，厨房空间尺度不宜过大也不宜过小（尤其需做到“不宜过小”的设计原则）。试想如果厨房尺度偏小甚至缺乏足够的操作台面，将会致使厨房操作活动与储物收纳局促的不良局面，影响老年人对厨房功能的使用效率甚至容易引发安全隐患。因此，适老化厨房空间中应设置充足的操作台面及储物空间，这是十分必要的。此外对于自理型老年人而言，操作台旁的通行宽度及活动宽度不应小于 900mm。如果家中有使用轮椅的老年人，那么该项尺度的有效范围还需适当加宽，即至少可保证轮椅回转所需的 1 500mm 直径空间。如果厨房空间受限，应在现有的空间基础上增设部分收纳区域，设计者可将洗涤池、炉灶下部的局部空间做留空处理，以保证轮椅的回转空间尺度，便于老年人坐在轮椅上也能近距离使用厨房设备，进行系列操作。

同时，考虑到日后厨房改造的可能性，设计师对于适老化厨房中的墙体应至少留有一面墙作为非承重墙。从空间可持续发展的角度来考虑，老年人的身体状况会伴随年龄增长与疾病事故而发生不可控变化，不同身体状况的老年人对于厨房空间的具体使用要求存在因人而异的现象甚至存有较大差异。因此，厨房面积在适老化居住空间中的比重、家具设备布局等影响因子，将可能会伴随老年人身体状况的改变而发生不同程度的设计变更。由此可见，适老化居住空间设计将厨房墙体设定成至少有一面墙为非承重墙的设计原则，是为老年人不可预测、不可控的生活状态下所做的前期设计准备，在需要做出相应变更之时可依据具体需求进行拆改，使得厨房空间得以适时的迎合老年人个性化与特殊性的使用需求。

二、厨房动线设计

为了让老年人在做饭时不受其他活动的干扰、在收拾餐具时能保证其安全等，在厨房通往其余功能空间的人流动线设计时，需要注意行为活动，避免与厨房烹饪区发生动线上的重合。为了让老年人方便上菜、传菜及整理碗筷，在厨房空间规划设计时，设计师需要对动线尺度进行细致化的考虑，防止厨房与餐厅之间的动线设计过长，影响老年人的使用。

三、厨房操作台设计

适老化厨房需确定适宜的操作台布置形式。一般来讲，家居厨房空间的操作台布置形式有一字形操作台、二字形操作台、L形操作台、U形操作台及厨房岛台设计等。适老化厨房的空间设计如何做到布局合理，其关键点在于设计师需要解决好老年人烹饪的动线问题，这通常要求设计师要先去理解常见的烹饪顺序是什么（常见的烹饪顺序是：从冰箱里取出食材→在水槽区清洗食材→处理食材→将食材放到锅中进行烹饪）。其设计依据应针对适老化厨房布局设计，宜优先选择L形操作台、U形操作台及厨房岛台设计三种布局形式，原因主要在于L形操作台和U形操作台这两种厨房布局可形成连续的操作台面，尤其适合坐轮椅的老年人使用。在具体的规划设计阶段，可将L形操作台与U形操作台内的洗涤池、炉灶布置在操作台转角两侧，一方面方便了自理型老年人使用，因为流畅的动线分布使得老年人做饭时无须在厨房里来回走动，转身之间就能完成洗涤、切菜、配菜、烹饪的一系列操作流程；另一方面同样便于坐轮椅的老年人使用，因为轮椅只需旋转90°范围，在这种旋转角度不大的情况下便可完成洗涤、烹饪两种操作间的行为互换。U形操作台、L形操作台的转角空间能够形成稳定的厨事操作或置物空间。设计师可对台面转角区域进行斜线设计，以进一步提高老年人的使用效率和易操作的空间。以下针对这三种厨房布局形式做具体介绍：

1. L形操作台布局形式

首先，L形操作台适合狭长的厨房和餐厅布局导致动线太长的户型。其次，水槽与灶台之间需要留出合适的操作台面积。水槽应尽量设计在窗户前，以保证厨房吊柜设计完整。此外，在L形操作台布局设计中，设计师最好不要将L形操作台的一面设计得过长，以免降低老年人的工作效率。L形操作台设计示意图如图5-18所示。

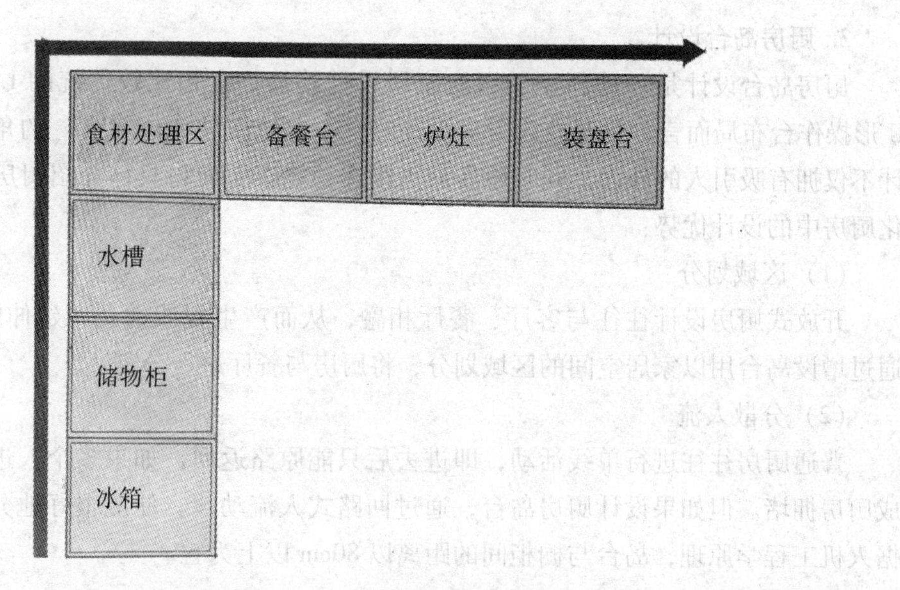

图 5-18　L 形操作台设计示意图

2. U 形操作台布局形式

U 形操作台布局适合 120~180m² 的大中户型，且出现在比较方正的厨房空间内，对厨房面积有一定要求，一般不低于 8m²。U 形操作台的布局规划适宜得体，水槽、工作台、炉灶、冰箱等均可沿墙排布呈 U 形，而且能够预留较多空间便于多人操作。U 形操作台两侧墙壁间的净空宽度通常需设在 220cm 以上。此外 U 形橱柜有三条边，三边之和以 4. 57~6. 71m 为宜，过长或过短均会影响老年人操作。U 形操作台设计示意图，如图 5-19 所示。

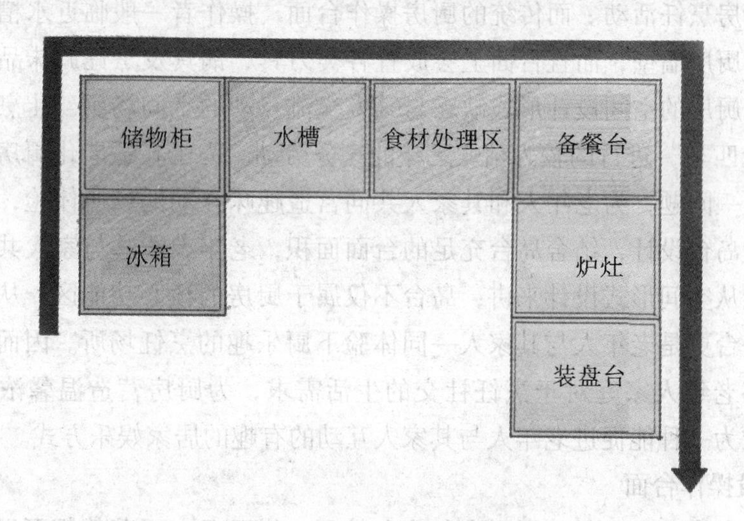

图 5-19　U 形操作台设计示意图

3. 厨房岛台设计

厨房岛台设计是一种新型的厨房家居设计趋势，它相比较传统的 L 形操作台和 U 形操作台布局而言，是开放式厨房设计的核心，扮演“C 位演员”的角色。岛台设计不仅拥有吸引人的外表，同时还具备实用性功能。下面将具体介绍厨房岛台在适老化厨房中的设计优势：

（1）区域划分

开放式厨房设计往往与客厅、餐厅相融，从而产生视线通透、延伸的空间特点。通过增设岛台用以家居空间的区域划分，将厨房与餐厅进行分割。

（2）分散人流

普通厨房往往进行单线活动，即进去后只能原路返回，如果多个人进出，势必造成厨房拥堵。但如果设计厨房岛台，通过回路式人流动线，便能很好地分散人流。根据人机工程学原理，岛台与橱柜间的距离以 80cm 以上为宜。

（3）拓展收纳空间

一般来说，厨房岛台设计适用于开放式厨房空间。通过开放式厨房与岛台两者之间的搭配，不但提升厨房外表设计的美观度，而且可以弥补开放式厨房收纳空间不足的难题。在厨房岛台的内部设计中会留有一些空置区，可提供给老年人用于抽屉储物收纳的作用，因此厨房岛台可拓展适老化厨房的收纳空间。相比于传统的 L 形操作台、一字形操作台或 U 形操作台，岛台的设计可以大幅度提高橱柜面积的使用率。

（4）促进家人沟通

增设岛台可提升橱柜的利用率，其形式设计本身以及对厨房面积的要求可容纳两人以上参与厨房烹饪活动。而传统的厨房操作台面，操作者一般临近水槽和灶台，更重要的会面对厨房墙壁，而且台面上会放置各类刀具、锅具及烹饪调味品等厨房必需品，因而传统厨房的空间设计形式缺乏与家人交流互动的空间场所，让烹饪最后沦为老年人“单枪匹马”进行的较为枯燥乏味的家务劳动。为了在适老化厨房规划设计中更好地解决这一问题，为老年人和其家人共同营造趣味互动的场所体验，设计师可在厨房中央内设岛台设计，结合岛台充足的台面面积，老年人能够与家人共同参与家中的烹饪活动。从空间形式设计来讲，岛台不仅属于厨房的核心功能区；从用户体验角度上来说，岛台更是老年人与其家人一同体验下厨乐趣的烹饪场所。因而岛台可以大大地满足许多老年人家庭对于烹饪社交的生活需求，为厨房营造温馨浓郁的生活气息，让做饭成为一种能促进老年人与其家人互动的有趣的居家娱乐方式。

（5）增设操作台面

由于厨房岛台面积充足，平时老年人包饺子、擀面条、择菜等都可以在岛台上完成。老年人在炒菜时，由于岛台面积的预留，家人也能够参与其中帮助老年人洗菜切菜。通过利用厨房岛台增设操作面积，便于家中多人共同使用，因此岛台可被看作厨房操作台面的延伸空间。

（6）“兼职餐桌”功能

与传统的餐桌餐椅相比，厨房岛台能够让开放式厨房变得空间紧凑而整齐，形成接近一体化的设计效果。岛台还可以兼职餐桌功能，为老年人及其家人提供平日就餐的场地，而不单单是被用作厨房工作台面及厨房收纳区。因而岛台作为室内家居“兼职餐桌”的身份地位，它可以成为老年人和家人吃饭聊天的重要场所。当家里举办聚会时，老年人和亲朋好友可待在岛台中小酌，感受新潮设计带来的不同生活体验。因此，岛台的兼职餐桌功能可以实现厨房多功能化的设计目标。

（7）DIY 小推车

适老化厨房并非一成不变或是充当一味复古老式的代名词。在当前高速发展的新时代，各类新颖时尚的设计新潮不断地在家居室内设计中涌现，而适老化居住空间设计应做到与时俱进，迎合时代发展的新朝向。因此，在适老化厨房的规划设计阶段，作为时尚潮流设计趋势之一的 DIY 小推车，设计师可将其纳入厨房岛台的设计范畴。DIY 小推车适用于面积较小的封闭式厨房空间，可作为厨房中岛台的使用功能，它既具有辅助型厨房操作台的功能，同时下层空间又可用于老年人收纳锅具来使用，因而老年人可以享受到与传统厨房中岛台类似的使用功能，而且 DIY 小推车可以随时移动，根据老年人需求来变换厨房空间的使用形式。

适老化厨房岛台的设计优势，通过图 5-20 进行归纳说明。

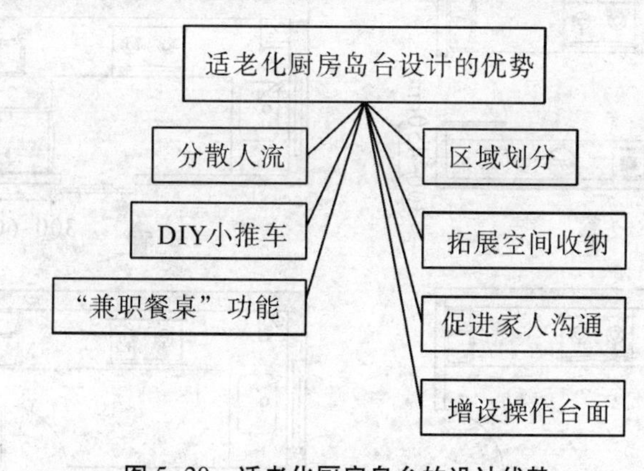

图 5-20　适老化厨房岛台的设计优势

以上为三种适老化厨房可适用的布局设计形式。相对而言，单列式（一字形）和双列式（二字形）厨房布局所形成的炉灶和洗涤呈一字排列或相对布置的形式，如果

使用族群为自理型老年人尚可适宜，但对于介护型老年人来说需慎重考虑。一字形操作台和二字形操作台的布局形式会给坐轮椅的老年人带来操作上的弊端，其在厨房活动时，轮椅需多次旋转。单列式厨房的工作流程（水槽、操作台、炉灶）完全在一条直线上进行，且厨房空间结构较为狭长，因而不适宜轮椅通行和介护型老年人使用；而双列式厨房的水槽与炉灶通常会被分开设计，这就导致下厨者在烹饪过程中的操作进度会被打断，造成不友好的用户体验。

此外，还要注意厨房中门的开设位置。首先，设计者需要注意厨房门与服务阳台门之间的位置关系。现如今许多户型设计中厨房与服务阳台相邻，厨房外设有服务阳台，从室内其他空间到服务阳台的人流动线会穿行厨房。基于此情况，为避免穿行动线对厨事活动造成不必要的干扰，设计师应将厨房门、服务阳台门开设在适宜的位置，同时缩短两者间的距离，以减少对厨房操作者的行为活动的影响。举个例子，如厨房门与服务阳台门之间处于相对布置形式，穿行动线则无疑会对操作者的行为活动形成干扰。如果厨房门、服务阳台门相邻而设，将带来穿行动线对操作活动影响小的使用效果。其次，厨房门开设的位置也存在优劣之分。厨房门应尽量多采用推拉门而非平开门的开启方式，因为平开门在门扇开启的过程中无疑会影响厨房内人员的操作活动，相对而言，推拉门因为没有门扇开启空间，因此推拉门对厨事活动造成零影响，免去人流动线的干扰。此外，厨房的门后空间需设置 300~450mm 的辅助柜体或操作台，便于置放微波炉、电饭煲等常用小家电设备，让空间利用达到最大化。因此，如果厨房是 U 形操作台或 L 形操作台，厨房门一侧的墙垛尺度需设置 300~600mm 的范围。厨房操作台设计示意图，如图 5-21 所示。

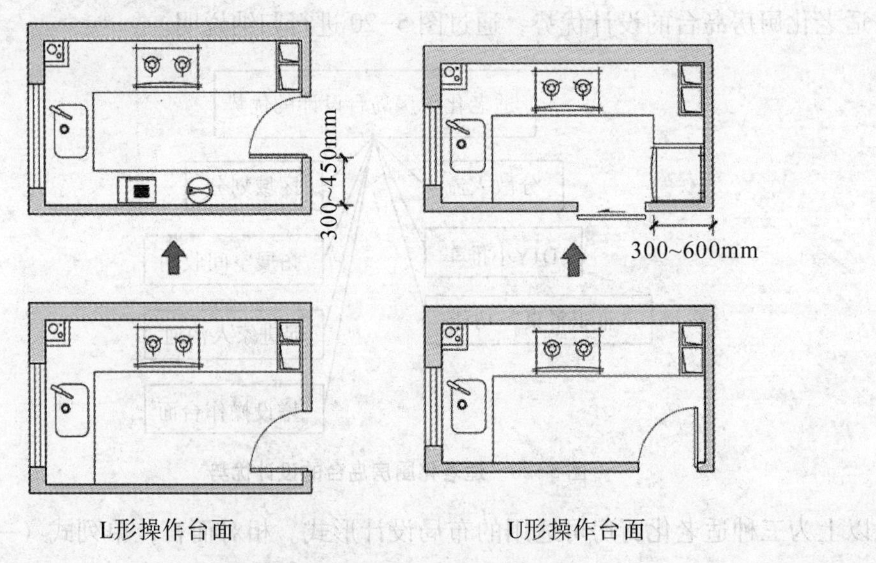

图 5-21　厨房操作台设计示意图

四、厨房采光与通风设计

由于厨房空间油烟大，空气质量欠佳，设计者需要考虑为厨房提供有效的采光与通风条件。设计过程中首先需要保证洗涤池附近的有效采光。考虑到老年人在洗涤池处操作的时间较长，加上老年人视力衰减的身体机能变化，洗涤池的设置应避免安置在背光区域，光线灰暗无疑会使老年人的操作困难，并为其带来卫生与安全隐患。因此，厨房内洗涤池应尽量靠近自然光线充足的位置。除了保证厨房的采光条件以外，还需要确保厨房有效的通风量。依照住房规范的相关规定，厨房窗的有效开启面积不应小于 0.6m^2，而针对老年人而言，则更应该加大厨房通风换气量的比值。如同样是 900mm 宽的窗洞，首先是外开窗的通风量最大，其次为推拉窗，最后是外翻窗的窗扇开启面积最小，由此可以看出外翻窗的通风量不如前两者。厨房窗户设计示意图，如图 5-22 所示。除了自然通风外，适老化厨房中还应加装机械设备来促进排风，保证油烟气味及时排出室外，因此厨房内除了配有抽油烟机外，还可加设排风扇来增强通风换气量。

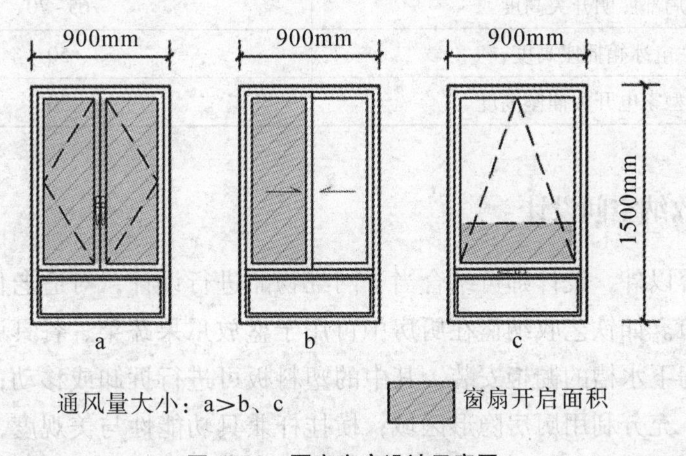

图 5-22 厨房窗户设计示意图

五、厨房地面、墙面铺装设计

厨房地面和墙面不宜选用黑色或深色材料，以防增加老年人的恐惧感。适宜采用白色或浅色瓷砖以烘托温馨舒适的气氛，且颜色花纹不可太杂乱，简单明快即可。

六、厨房开关与插座设计

开关插座设计也是适老化厨房空间设计的核心。厨房安装了许多的家用电器，如抽油烟机、冰箱等大型家电以及电饭煲、烤箱、蒸箱等小型家电，同时还包含厨房全局照明与局部照明效果的各类灯具。从人机工程学原理的角度来看，各类常用家电的安装高度依次为：抽油烟机插座高度距离室内地坪标高约220cm；全局照明开关安装高度可以是距地面高度130cm处；局部照明开关应安装在厨房上柜底端（上柜底端距工作台面顶端约65~70cm），局部照明设计可置入人体感应灯，透过手部热感应来控制局部照明灯具的开启与闭合；电冰箱插座高度距离室内地坪标高约50cm；电饭煲等小型家电开关插座高度距离操作台面30cm处（前文提到工作台面高可为80cm）。厨房开关插座设计数据参考，如表5-1所示，设计师可对以上数据进行参考，并根据具体情况分析做适当的调整。

表5-1　厨房开关插座设计数据参考表

室内地坪标高（拟定0.000）	数据参考/cm
抽油烟机插座高度	220
全局照明开关高度	130
局部照明开关高度	65~70
电冰箱插座高度	50
小型家电开关插座高度	30

七、厨房收纳空间设计

除以上内容以外，设计师可结合当下网红物品进行设计，对适老化厨房的收纳储物优化设计细节。如铁艺收纳篮在厨房中可用于盛放瓜果蔬菜、餐具调味品等；伸缩架可适用于厨房下水槽的橱柜安装，其中的塑料板可进行拆卸或移动；多层置物架可放大收纳容量，充分利用厨房隐形区域；横挂杆兼具功能性与美观度，通过木制与铁艺材质的结合创造出设计感十足的收纳工具。

八、厨房智能家居设计

基于时代发展的变迁，适老化厨房可考虑融入智能家居设计理念。老年人由于年纪大，记忆力减退，在做饭过程中时常忘记关火、关煤气。这时需要在厨房中安装煤气探测器和水浸探测器，保障老年人的生命安全。举个例子，如果老两口在家中吃早饭，煤气上煮着热粥，他们一边吃早饭一边听着评书，一时间容易忘记关闭煤气阀门。这时，煤气探测器通过实时监测智能推送紧急信息，智能报警器发出警鸣报警，联动窗户推拉器和门窗磁，自动开窗进行通风换气，煤气阀门自动关闭，可将安全隐患降至最低。

此外，适老化厨房空间里可置入智能冰箱[①]，它可以自动进行冰箱模式的切换，能始终保证让冰箱内的食物保持最佳存储状态。老年人可以通过手机 APP 或电脑，随时随地查看和了解冰箱内食物的存放数量及保鲜保质的具体内容与信息。如果老年人忘记购买某类食品，智能冰箱设置的提醒功能可以提醒老年人定时补充所需食品。因而智能冰箱可以为老年人营造健康的食物摄入环境。智能冰箱还可以为老年人提供健康食谱和营养禁忌，以此帮助老年人更好地规划自己的营养膳食计划。因此，智能冰箱适用于时代发展的生活需求，符合适老化家居设计的目标价值体现。

【思考·讨论】

★若条件允许的情况下，为什么要优先选择“岛台”设计形式应用于适老化厨房空间？试列举至少 3~5 个设计优势进行论证。

★从人机工程学角度出发，列举 3~5 例有关适老化厨房开关插座设计的相关尺度。

★针对外开窗、推拉窗、外翻窗三种窗扇开启方式，你认为哪一种更适用于适老化厨房空间？简述理由。

【课后实训】

（1）简述智能家居在适老化厨房中的设计应用及表现优势。

（2）请在图 5-23 中的斜线框内进行适老化厨房平面布局方案设计，并绘制一张主要的厨房立面图。

① 智能冰箱是对冰箱食物进行智能化控制和管理的一种冰箱类型，它作为当下流行的家居智能产品之一，深受老年人的追捧与喜爱。

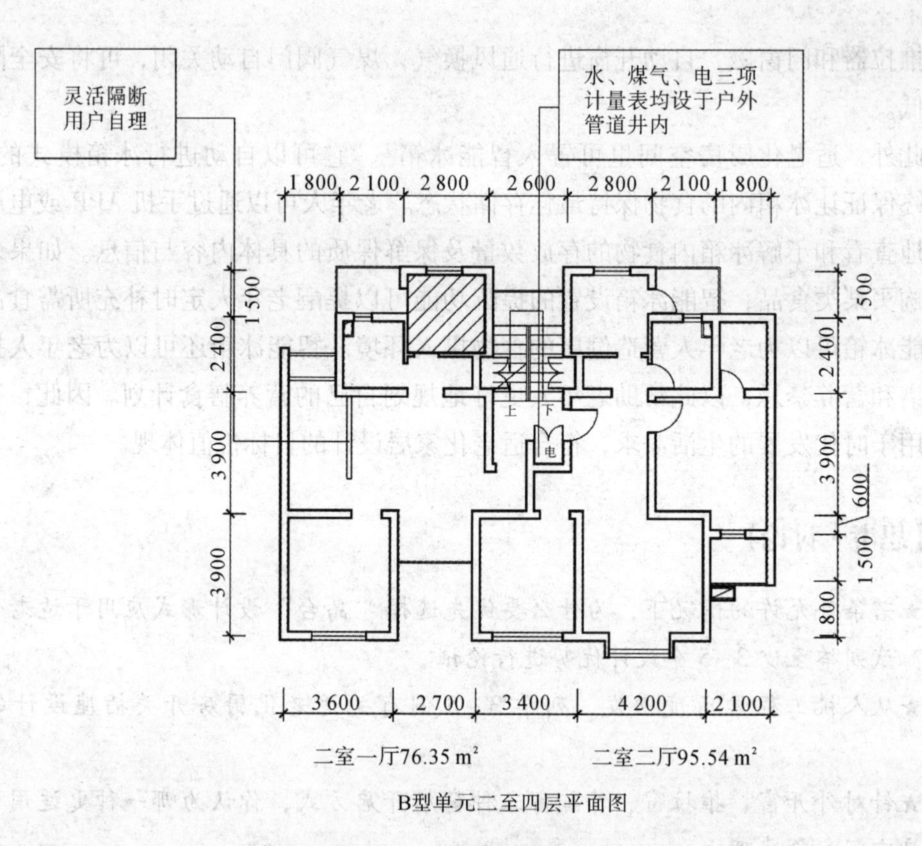

二室一厅76.35 m²　　二室二厅95.54 m²

B型单元二至四层平面图

图 5-23　斜线框效果图

第六节　卫生间设计

适老化卫生间主要是承载老年人洗漱、洗涤、淋浴、如厕的功能。老年人在使用卫生间时容易发生摔倒、滑倒、碰伤等危险事故，因而适老化卫生间对人性化设计的关注程度会直接影响老年人使用卫生间的安全系数。

一、卫生间出入口设计

卫生间出入口处需要消除地面高差，这一点将充分体现适老化卫生间的人性化设计，尤其是面对行动不便的老龄用户族群则更应严格把关。因为一旦家居设计的建成环境在使用阶段存在地面标高的高差变化，无疑会对助走器或轮椅的使用造成极大阻碍，而且考虑卫生用具使用的不便，不利于后期的清扫打理工作。

适老化卫生间需确保门的净宽尺寸不得低于750mm的最小值。750mm的最小数值主要针对的是自理型老年人，而当介护型老年人需要有陪护人员搀扶或使用轮椅时，卫生间门的净宽度需至少达到800mm及以上的通行尺度。

适老化卫生间中门的开启方式需要精细化设计。一般来说，卫生间的门适宜设置推拉门而非平开门。其原因主要与前文提到的厨房门的开启方式一致，即推拉门相较于平开门而言，门的开启方式不会占据太多的使用空间，同时也能够为坐轮椅的老年人进出卫生间创造极大的便利，而在卫生间内如厕的老年人也不会受到平开门的门扇开闭轨迹的影响和阻碍。因此，设计师通过设计推拉门，可以腾出更多的卫生间净通行空间，既便于平日的清扫工作，又方便老年人顺利有效地通行。

适老化卫生间需要设计师控制好卫生间出入口与坐便器之间的距离和位置关系，关于这一点需要结合卫生间所占面积的大小和长宽比进行考虑。一般而言，卫生间面积不可过大，否则容易造成出入口与坐便器之间距离太远的尴尬境地，进而带给老年人使用上的不便。如果条件允许，卫生间出入口位置适宜开设在坐便器一侧。试想当侧面门开启时，老年人只需转身90°便可使用坐便器；相反如果正面开门，并与坐便器相对，老年人则需要完成180°转身才能使用坐便器。因此，与坐便器相对的正面开门相比，设置在与坐便器同侧的侧面开门位置则更容易方便老年人如厕。

以上出入口的设置方式主要是针对自理型老年人，如果使用者为坐轮椅的老年人，那么卫生间出入口位置的设定相比一般自理型老年人而言则显得更为严苛。通常来讲，设计师需要将卫生间出入口开设于坐便器侧面甚至是侧后方，以减少坐轮椅的老年人因调整轮椅方向而带来的麻烦，同时更有利于使用轮椅的老年人进入卫生间如厕的顺畅度。如果设计师在卫生间出入口与坐便器的位置关系上存在不合理性，譬如将卫生间出入口设计在坐便器正前方或斜前方位置，此时坐轮椅的老年人将很难完全进入卫生间，并需不断变换和调整轮椅进入的方向，此过程无疑会带给老年人诸多不便。因此，卫生间出入口的开设位置与开启方向在适老化卫生间设计中变得尤为重要，是否产生合理的使用效果将考验设计师能否植入更多人性化视角来参与细节设计。

二、卫生间坐便器设计

适老化卫生间需要确保坐便器前端与墙面之间留有充足的距离。老年人在坐下或站起的如厕过程中，为保持其重心平稳需要前后移动，借助身体前倾来不断进行微调整，这时便要求坐便器前端留出至少500mm的预留空间来完成以上动作。500mm数值是设计师为自理型老年人用户所预留的尺寸，如果是需要护理人员陪同的介护型老年人，则需要额外预留护理人员的协助空间尺寸。因此，坐便器前端距离墙体的尺度至少需要保证600mm的预留空间。

三、卫生间坐凳与扶手设计

适老化卫生间需要合理设置座凳和扶手。①座凳设置方面。老年人在如厕和洗浴过程中需要利用扶手辅助其做出蹲起、弯腰等行为动作，因而卫生间可设置座凳来增加老年人的休息时间或是减缓因洗浴时间较长所带来的劳累感；椅身可采用较为温润的木质胶合板材料，以减轻材料的冰凉感给老年人带来的不适。②扶手设置方面。卫生间扶手的设置不仅能帮助老年人坐下和站起，还可以减少长时间如厕对他们腰、背等身体部位造成的负担。据相关数据记载：L形扶手中心线距离坐便器中轴线35~40cm；为了方便发力，纵向扶手中心线应距离坐便器前段15~30cm；横向扶手应接近肘部高度，比坐便器高出25cm左右较为适宜；组合式扶手的撑扶板边缘距离坐便器中轴线约30~35cm；纵向扶手位置及撑扶板高度与L形扶手相同；正面扶手的情况，坐便器前方至少要有50cm的空间；扶手高度应为75~85cm；为了防止使用时老年人头部撞到扶手，扶手与墙的距离不应超过10~15cm。

四、卫生间盥洗池设计

适老化卫生间需要合理设计盥洗池的安装位置。盥洗池应当布置在卫生间的使用动线上，以免去老年人过多的身体移动。为了避免老年人在洗手时其手臂与墙体发生碰撞，盥洗池与墙体间的距离需要≥55cm。此外卫浴设备的设计同样需要进行精细化处理，如为了让介护型老年人能坐在轮椅上洗脸，设计师可采用复古式悬空盆，这样老年人在洗脸过程中可将膝盖放置洗脸盆下，方便老年人使用。

五、卫生间智能家居设计

适老化卫生间的空间规划设计除各类参考性规范数值需要设计师特别注意之外，老年人如厕切记不可设计蹲便器，其主要原因在于老年人使用蹲便器的风险系数颇高，因而以马桶代替蹲便器是适老化卫生间的设计准则。然而普通马桶一般只具备简单的冲水排污功能，对于马桶坐垫上沾染的老年人尿迹、皮屑、毛发以及肉眼看不见的细菌污染物均无法做到彻底清除。因此，为了提升老年人使用马桶的环保效能，建议设计师在卫生间内安装智能马桶①。智能马桶的相关作用如下：

第一，对于行动不便的老年人或如厕需要帮助的介护型老年人来说，智能马桶具备的自动冲洗功能、前后移动式喷嘴、自动开合式马桶盖以及烘干功能可以在很大程度上减少老年人如厕的麻烦。

第二，智能马桶具有水压式按摩功能，不仅能提升使用舒适感，而且老年人长期使用会对便秘起到一定减缓的作用；同时，智能马桶的座圈加热附属功能，会让老年人在冬天使用时不会感觉寒冷。

第三，功能较多的智能马桶产品还具备小夜灯、紫外线杀菌、除臭等功能。尤其是小夜灯功能，可以预防老年人晚上如厕滑倒、摔倒的问题。

此外，更为先进的智能马桶可以通过内置智能分析仪对老年人排泄物进行分析，并将分析结果传送至手机和显示屏进行应用，让老年人及其家人可随时了解其健康状况。智能马桶的功能与作用，如图 5-24 所示。

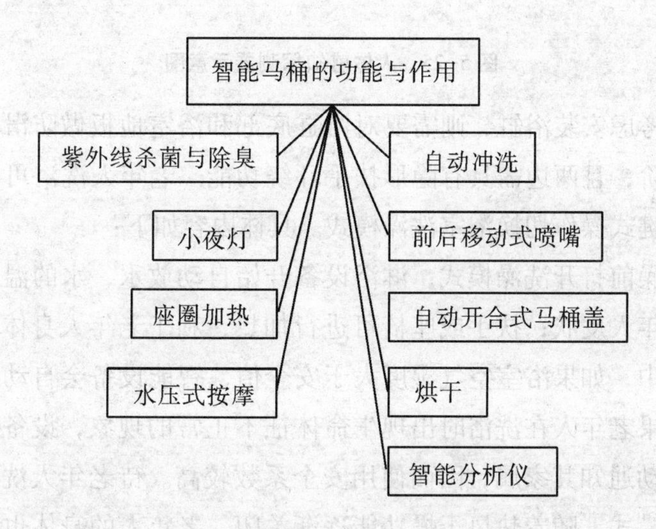

图 5-24　智能马桶的功能与作用

除安装智能马桶外，考虑到老年人如厕次数频率较高，且在卫生间发生跌倒滑伤的危险概率要高于室内其他功能房间，设计师可在卫浴空间入口处设计人体感知探测

① 智能马桶的起源与发展：智能马桶起源于美国，它最初作为老年人的辅助医疗设备，用于老年人保健和医疗领域。最初智能马桶设有温水洗净功能，在 20 世纪 80 年代期间传入日本和韩国，后经不断改进与提升，智能马桶逐步得到普及。但目前我国智能马桶的使用率不足 1%，表明我国民居生活智能化产品的普及率与发达国家仍存在一定差距。

器[①]。探测距离通常设置为5m，在智能家居中可采用壁挂式安装方法。人体感知探测器示意图如图5-25所示。具体根据探测器感应间隔时间，以识别老年人在卫生间发生意外而不能自主行动或是在设定时间内没有发生行动的情况。探测系统会自动搜集信息发送给其家人，以便他们及时观测和检查老年人的情况，排除危险事故的发生。

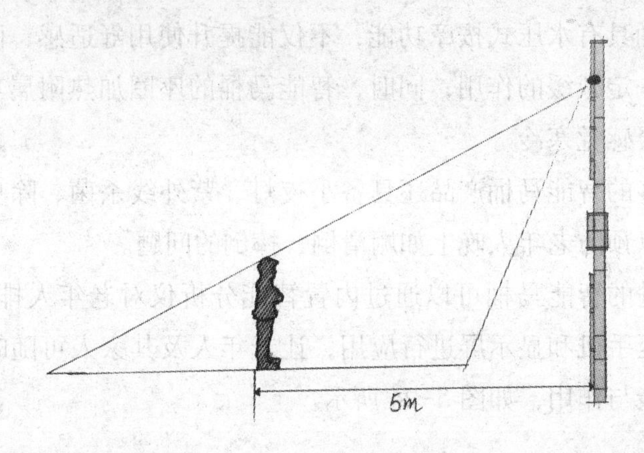

图5-25　人体感知探测器示意图

卫生间如果考虑安装浴缸，则需要对浴缸底部和浴室地板做防滑处理。浴缸边缘需设计向下的台阶，且两边需具有隐形扶手环绕功能。老年人洗浴可引入智能家居设计理念，通过一键式操作切换浴室洗澡模式。具体内容如下：

在老年人洗澡前打开洗澡模式，淋浴设备开始自动放水，水的温度可进行智能温控，不会烫伤老年人皮肤；扶手或座椅可进行加热，利于老年人身体的血液循环。老年人在洗澡过程中，如果浴室空气湿度大于安全值，智能设备会自动开启新风系统进行通风换气。如果老年人在洗浴时出现生命体征不正常的现象，设备中的防水智能手环检测系统会自动通知其家属，因而使用安全系数较高。待老年人洗澡结束后，淋浴设备会关闭洗澡模式，随着热风干燥功能逐渐关闭，老年人的身体也有了一个逐步适应的过程。此时，自动开启新风系统进行除湿，电动窗帘随即打开，实现智能洗浴一体化的特点。

① 人体感知探测器主要是利用黑体辐射定律，即一切高于绝对零度的物体都在不停地向外辐射能量。物体向外辐射能量的大小及其波长的分布与它的表面温度有着十分密切的联系，物体的温度越高，所发出的红外辐射能量就越强。基于此定律，人体感知探测器通过人体热辐射对人体各项活动情况进行感应、探测，获取相关数据信息。

六、卫生间开关与插座设计

卫生间的开关和插座设计是适老化卫浴空间的核心设计点。设计师需要在掌握人机工程学原理的基础上，结合卫浴家电使用、智能家居设计及老年人个性化需求加以统筹式规划。举个例子，设计师可从5个方面进行适老化卫浴空间的开关和插座设计，分别是：①暖风机与照明开关，安装高度通常高于卫生间室内地坪标高130cm；②智能马桶插座，安装高度应高于卫生间室内地坪标高30cm；③电热水器插座，安装高度通常高于卫生间室内地坪标高200cm；④洗衣机及烘干机插座，安装高度应高于卫生间室内地坪标高130cm；⑤剃须刀及吹风机插座，安装高度应高于洗手池台面顶端30cm。此外，适老化卫生间中的插座设计应考虑必要的防水措施，如加设防水盒增强安全性，以防老年人在用电过程中发生意外性触电事故，从而体现“以人为本”的人性化设计理念。适老化卫生间开关与插座设计示意图，如图5-26和图5-27所示。

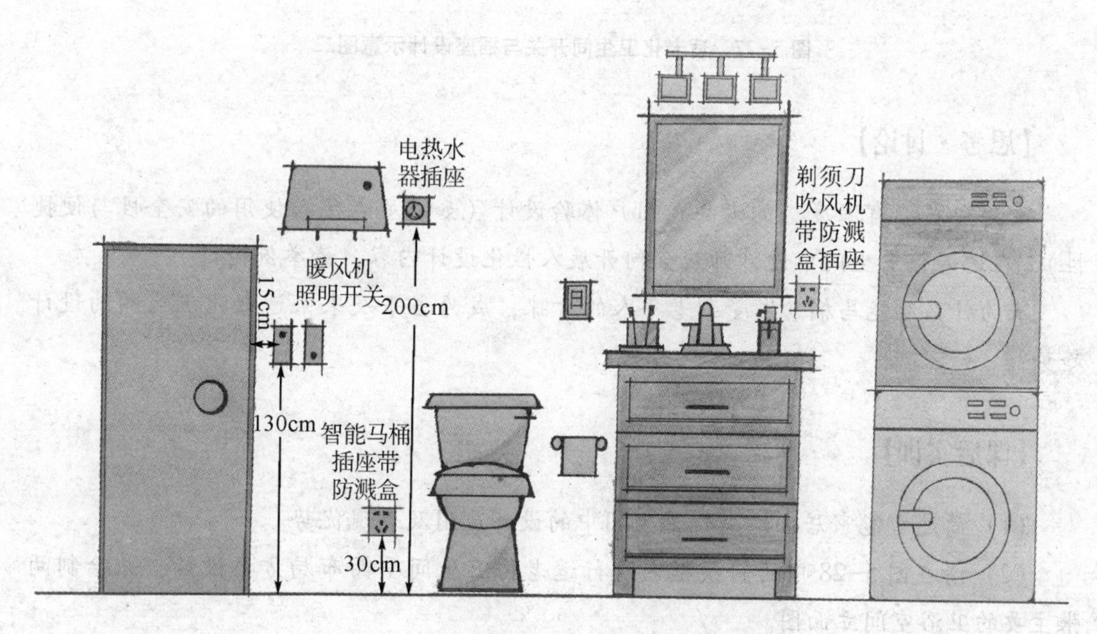

图5-26　适老化卫生间开关与插座设计示意图一

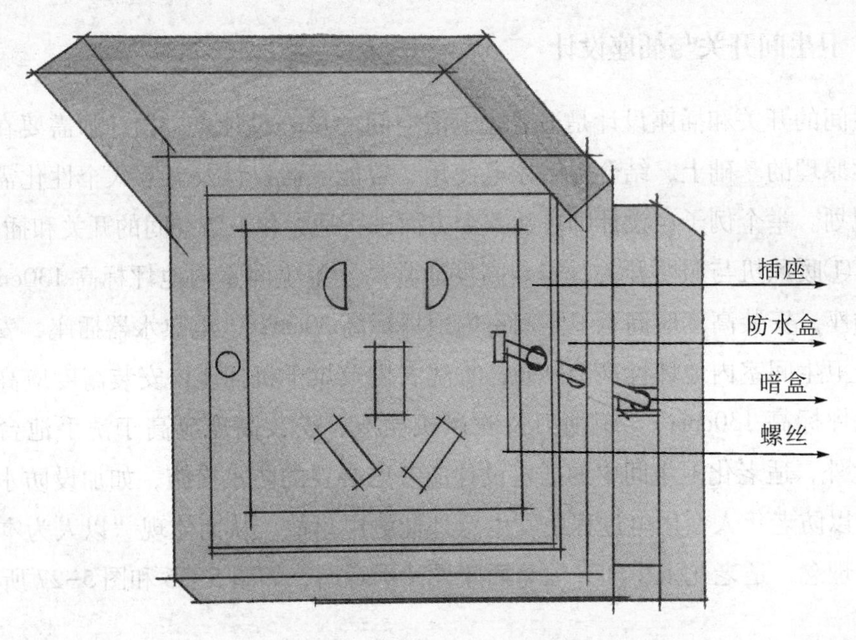

图 5-27 适老化卫生间开关与插座设计示意图二

【思考·讨论】

★为形成“有温度”的老年人用户体验设计（如满足老年人使用的安全性与便捷性），在适老化卫生间中设计师应如何开展人性化设计内容，请举例论证。

★为什么智能马桶愈发受到老年人的青睐，成为当下及未来适老化卫生间的设计趋势？

【课后实训】

（1）简述智能家居在适老化卫生间中的设计应用及表现优势。

（2）请在图 5-28 中的斜线框内进行适老化卫生间平面布局方案设计，并绘制两张主要的卫浴空间立面图。

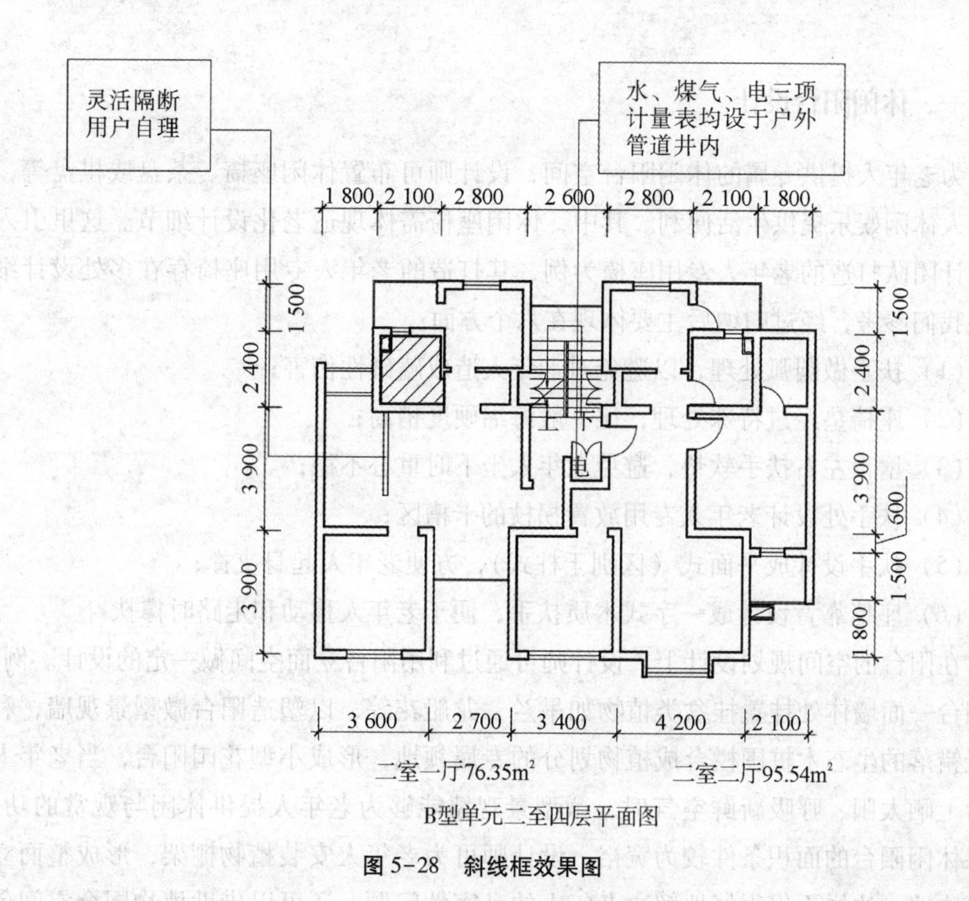

图 5-28　斜线框效果图

第七节　阳台设计

阳台是老年人日常生活中必不可少的居室空间。阳台能够为老年人提供休闲娱乐、健身锻炼、晒太阳、呼吸新鲜空气以及收纳杂物的多元化功能，为老年人培养自身的兴趣爱好以及与外界沟通搭建了平台空间。由于老年人身心特征的变化和社会角色的转换，外出的概率相对较低；但从保持身心健康的角度来说，他们又有着与外界环境交流接触的内心需求。所以加强老年人对外界信息的汲取，对延缓衰老、保持老年人身心健康有着非常重要的意义。

在2D平面规划上，阳台除了可以用于老年人晾晒衣物外，设计师还应考虑老年人用于享受户外生活及避难所使用的空间所需，因而适老化阳台空间设计要尽可能确保充裕的使用面积以满足多样化的用户需求。现如今我国的大多数户型创建都将阳台分设成休闲阳台和生活阳台两种，下面针对这两种阳台空间进行设计内容的详细介绍。

一、休闲阳台设计

为老年人提供专属的休闲阳台空间，设计师可布置休闲座椅、茶盘或棋盘等，为老年人休闲娱乐提供生活便利。其中，休闲座椅需体现适老化设计细节。这里引入万科设计团队打造的老年人专用座椅为例，其打造的老年人专用座椅存在多处设计细节可供我们参考，经过归纳后主要体现在六个方面：

（1）扶手做圆弧处理，以避免对老年人造成磕碰性伤害；

（2）座椅垫经过特殊处理，比一般海绵硬度稍高；

（3）增设左右扶手软垫，避免老年人坐下时重心不稳；

（4）扶手处设计老年人专用放置拐杖的卡槽区；

（5）扶手设计成平面式（区别于柱式），方便老年人起身支撑；

（6）座椅靠背设计成一字式木质扶手，便于老年人移动和走路时撑扶。

在阳台的空间规划设计上，设计师可通过利用阳台立面空间做一定的设计。例如，在阳台一面墙体处挂置挂盆类植物如吊兰、龙船花等，以塑造阳台微型景观墙，利用高低错落的生态木桩围栏合成植物划分的专属领地，形成小型花园阳台，当老年人在阳台上晒太阳、呼吸新鲜空气时，微型景观墙能够为老年人提供休闲与观赏的功能。如果休闲阳台的面积条件较为宽裕，设计师可为老年人安装植物棚架，形成整面立体式植物墙，这样不仅很好地解决老年人的私密性问题，还可以借助植物围合空间创设出令老年人赏心悦目的微型私家庭院。同时，设计师可以营造微型假山水景与挂盆植物相融合的设计手段对休闲阳台进行打造。假山水景可安装射灯，当夜幕降临时，老年人可坐在阳台上静静地观赏室外风景，听流水赏灯景，营造惬意的生活氛围。

二、生活阳台设计

除休闲阳台以外，生活阳台也是必不可少的需要考虑的设计内容。

其一，生活阳台要围绕老年人平日洗衣、晾晒、储物、收纳等生活功能展开相应的空间规划设计。如归置生活物品特别是像洗衣机这样的大型生活家电，一般利用多功能组合收纳柜进行日常的储物和收纳，这样可让阳台空间更显整齐有序、耳目一新。当然，考虑到不同户型带来的阳台结构的不同，以及条件允许的情况下，设计师可以考虑置入组合式收纳柜进行整体化安排。在组合式收纳柜进行定制设计之前，设计师需要结合阳台的具体结构进行精准测量，达到组合式收纳柜与阳台空间完美结合的设计成效。此外，如果老年人需要加大生活阳台的收纳空间，需要在阳台满足采光的基础上加设吊柜或采用墙上加钩的方法用于生活物件的分类式储藏，即对阳台墙体空间进行充分利用与整合来创设更多可供收纳的储物区；相反，如果老年人所需存放的物品不多，则可以取消吊柜设计，代之以洗衣机、储物柜、洗手池等存放空间设计，并摆放几盆花草来营造舒适明亮的生活阳台空间。

其二，阳台中可将洗衣功能和晾衣功能进行集中设置，以此减少老年人多次反复走动，避免房间内地面被沾湿导致老年人滑倒的隐患。晾衣竿的设置高度应尽可能考虑老年人的身高。一般来说，晾衣竿的高度在 1 600mm 左右时，老年人使用起来会感到方便和舒适；如果晾衣竿设置太低则会对老年人晾晒被褥造成不便，设计师可以为老年人置入升降式晾衣架，以此来提供晾晒被褥的良好条件。洗衣机旁还可以设置洗涤池，便于老年人洗涤物品时使用。

其三，阳台出入口的位置要尽可能采用无垂直型高低差的结构，同时在有可能发生跌落风险的位置设置维护栏杆或防跌落扶手。依据规范，扶手柱间净距需低于 110mm；扶手高度在护墙上方 800mm 以上（当护墙高度在 300mm 以上 650mm 以下时）或扶手高度在地板上方 1 100mm 以上（当护墙高度在 300mm 以上 650mm 以下，以及护墙高度不足 300mm 时）。

其四，阳台地面应选用防水、防晒、易耐脏的地铺材料，不仅可以预防老年人不小心摔倒、滑倒的安全隐患，还兼具了实用与美观并存的特点。具体材料包括：地砖这种最简单实用的材料；具有木质感纹理的木纹砖；斜纹砖，整体质感具有艺术独特性；防腐木，主要是用于与外界交接处的阳台空间，起到自然舒适的作用。在地坪标高设计上，设计师需要注意消除阳台与客厅室内地面的高差，避免老年人不慎绊倒或阻碍轮椅通行。

其五，相对于平开门设计，老年人专属阳台空间需尽量采用推拉门的开启方式，且推拉门轨道需要做隐藏设置，使阳台地面平整光滑。如果户型中有设计封闭式阳台，则阳台门的净宽值需设为≥800mm。

其六，阳台可引入智能洗衣机（智能洗衣机一般包括智能杀菌、智能添衣、智能静音、智能烘干、智能 Wi-Fi 等功能）。通过射频自动识别技术使洗衣机和物体之间可以进行识别。智能洗衣机能通过电脑、移动终端等传感设备实现洗衣机的远程控制，且提供的实时查询功能可以帮助老年人了解洗衣机的实时工作状态。通过控制系统返回洗衣机的相关信息，为老年人平时洗衣服带来便利，同时可判断智能电网的波峰、波谷状态，识别分时电价信息，智能调整洗衣机的运行状态，起到节约能耗、节省电费的作用。此外，智能洗衣机还具有多种娱乐功能，使老年人用户能够在洗衣服的同

时还可以收听音乐、浏览图片、观看视频等，为老年人日常洗衣服带来一定的生活乐趣。

其七，为预防老年人忘记关灯的现象，在阳台区域可引入智能家居设计理念，置入灯光远程控制系统。关于此内容介绍已在前文细述过，此处不再赘述。

【思考·讨论】

★针对老年人专属阳台空间，分别从功能性和观赏性两种角度阐释适老化阳台空间规划设计的内容和细节。

【课后实训】

（1）简述智能家居在适老化阳台中的设计应用及体现优势。

（2）请在图 5-29 中的斜线框内给出两种不同的适老化阳台的平面布局设计方案，并分别绘制一张主要的阳台空间立面图。

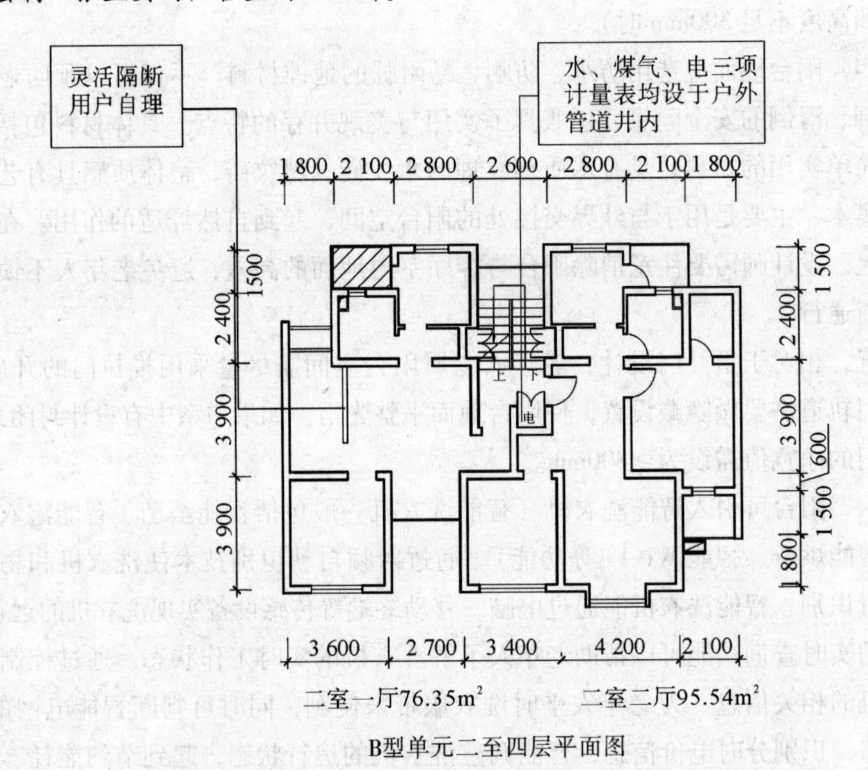

图 5-29　斜线框效果图

第八节 通道设计

通道是连接道路和门厅的空间，也是孩童、青年、老年人等不特定人群经常使用的区域，体现老年人通行的安全与便利，是适老化住居空间中通道设计的重要目的之一。

一、通道空间布局设计

通道空间需确保达到坐轮椅的老年人和护理人员能够有效通行的宽度。通道及台阶部分的有效宽度应尽可能在900mm以上（含650mm轮椅直径尺寸）。通道空间有效宽度示意图，如图5-30所示。

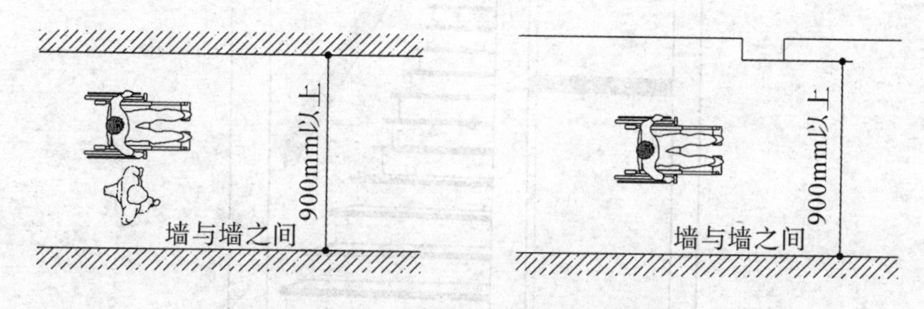

图5-30 通道空间有效宽度示意图

如果是独户住宅，通往住家的通道应在形状和尺寸上考虑步行及轮椅移动的问题。若住宅地坪标高存在高低差，设计师应设置低坡度的台阶或倾斜路面，便于自理型老年人或介护型老年人能正常通行。此外，在建筑用地边界到住宅出入口的通道，应设计在高低差较小的区域内。

二、通道照明设计

通道空间一般为适老化居住空间的事故多发地。因此，设计师在照明设计上应充分结合安全性角度以确保照明设计的有效性。在日常生活中，老年人往往因视力减退难免发生脚底踩空、重心不稳、滑倒或跌倒的情况。究其原因，如若排除老年人生理障碍引发的偶发性事故外，其余大多数均由老年人脚下昏暗导致的看不清，抑或老年人从明亮处转移至黑暗处带来的视觉上的适应能力下降所导致。为了良好地解决这一问题，在适老化通道空间内，设计师可结合家居智能化安装台阶智能灯带，通过智能化控制和借助 APP 对灯带进行照度设置或气氛渲染，这样可以有效地改善通道空间内楼梯台阶的照明安全问题，减少安全事故的发生。抑或安装运动传感器 LED 灯，它采用“光感+人体感应”模式，当光线昏暗时，装置便会启动，当老年人走过来，灯便会亮起。同理，在楼梯扶手下方也需要增添照明设计，内设 LED 隐形灯带，且最好使用整条灯带，或是无缝连接的灯带，避免楼梯中间出现暗区。楼梯通道设计示意图，如图 5-31 所示。

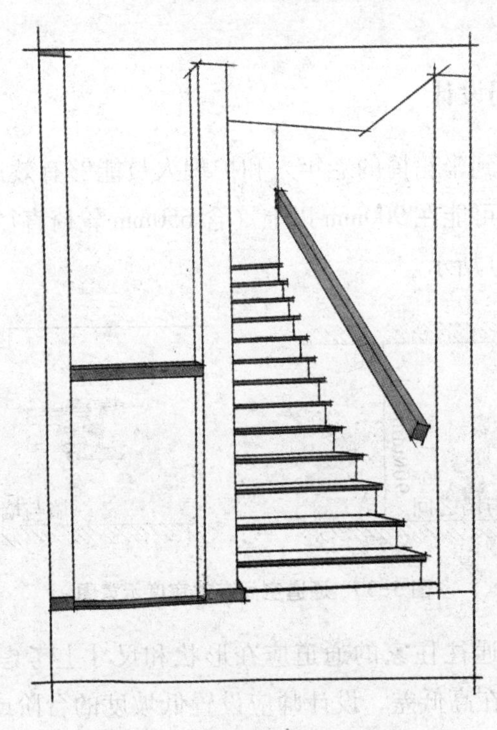

图 5-31　楼梯通道设计示意图

三、楼梯设计

适老化住居空间中，楼梯细节处理对于设计师的专业要求度较高。首先，楼梯踏板设计需要做好防滑措施，如防滑条、防滑垫、防滑凹槽灯等需要考虑到位。其次，在楼梯最上端和最下端最能够彰显适老化楼梯设计的微妙之处，作为设计师应尽量避免暗藏安全隐患的结构设计，譬如楼梯下行起始踏步未与踢脚线呈水平趋势甚至超出一个踏步宽度，抑或楼梯上行起始踏步未与踢脚线呈水平趋势甚至多出一个踏步宽度，这些无疑会造成老年人跌落、绊倒及摔伤等安全隐患。楼梯上下行踏步细节处理示意图，如图 5-32 所示。最后，楼梯上侧平台处避免设计平开门，如依据实际功能所需应设置出入口，设计师需要留有至少 1m 的缓冲尺寸。楼梯栏杆立面设计示意图，如图 5-33 所示。

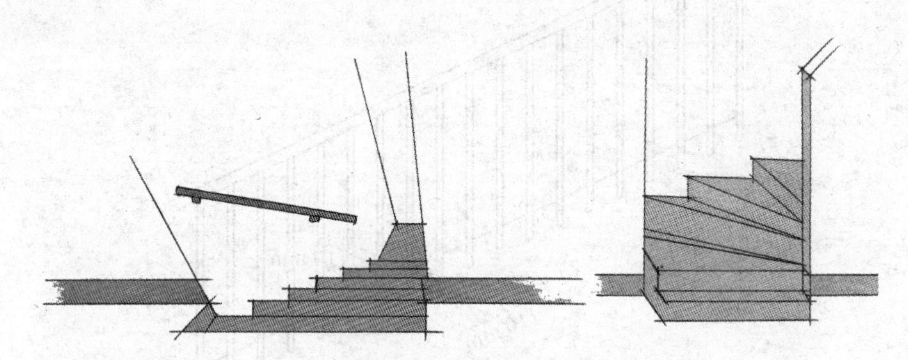

图 5-32　楼梯上下行踏步细节处理示意图

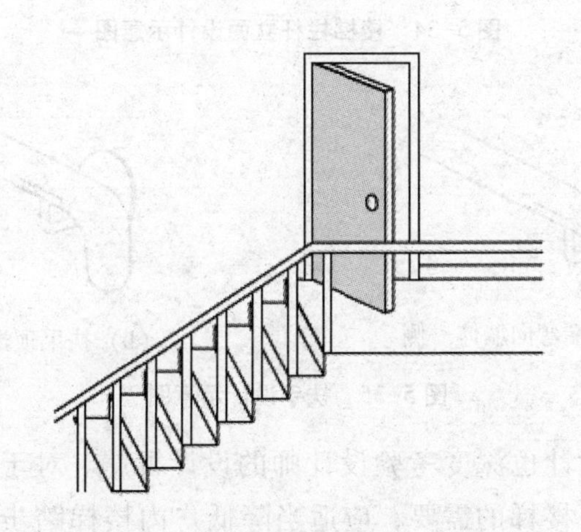

图 5-33　楼梯栏杆立面设计示意图

依据规范要求，在楼梯及倾斜路面至少有一侧需设置扶手，扶手设置高度则是以地面或踏步板顶端上方 750mm 为准。此外，楼梯需设置防止跌落的扶手（仅限护墙高度低于 650mm 的范围），位于踏步板顶部及护墙上方 800mm 以内的位置，扶手柱之间的净距离不应大于 110mm。楼梯栏杆立面设计示意图，如图 5-34 所示。走廊内的扶手一般倾向于横直线式的连续扶手设计。楼梯扶手的顶端设计需要考虑是弯向下方还是弯向靠墙一侧，以防老年人碰伤手指，同时扶手材料的选择也应倾向于温润光滑的材质。扶手设计示意图，如图 5-35 所示。

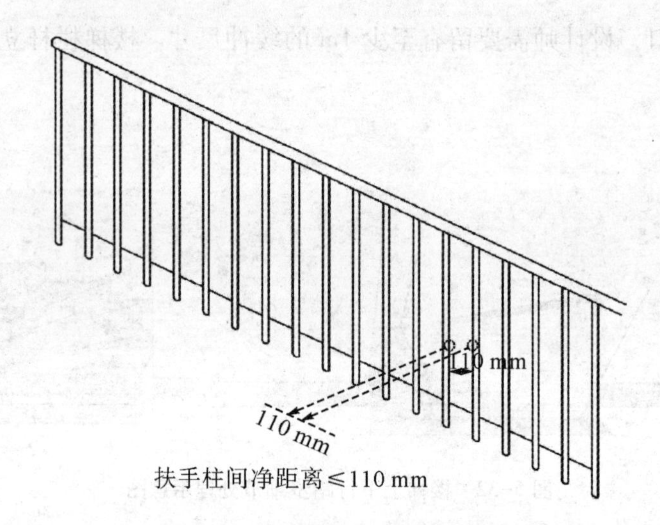

图 5-34　楼梯栏杆立面设计示意图

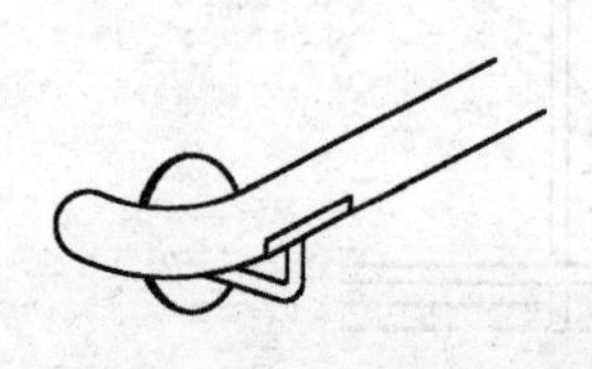

（a）扶手顶端弯向墙体一侧

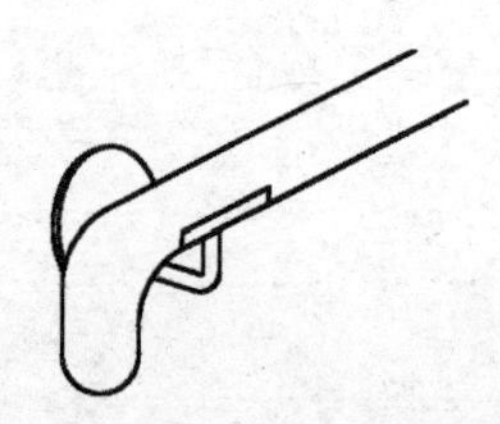

（b）扶手顶端弯向下侧

图 5-35　扶手设计示意图

楼梯踏步的立面设计也深度考验设计师的设计智慧。对于设置户内楼梯的通道空间，考虑老年人上下楼梯的需要，应适当降低户内楼梯踏步的高度，并适当增加踏面的宽度，从而确保老年人使用楼梯的安全性。通常来讲，户内楼梯踏步高度应≤170mm，但针对老年人而言，该数值可适当降低，建议设为 160~170mm。同理，户内楼梯踏步宽度一般设置为 220mm，考虑到老年人使用需求，可适当降低踏步宽度，因此建议做到踏步宽≤220mm。为满足老年人上下楼梯的通行，梯段预留宽度至少应为 900mm。户内楼梯尺寸设计示意图，如图 5-36 所示。此外，为防止老年人碰到脚尖而绊倒，设计师需要注意楼梯踢脚挡板立面的缩进深度不可过大，即便踢脚挡板向内缩进会触发人们视觉上的美观度体验，但如果缩进深度超出一定尺寸范围，则很容易造成老年人的意外性跌倒与摔伤。因此，设计师在考虑楼梯踏步的细节设计时，需尽量取消台阶凸缘的情况抑或采取降低踢脚挡板的缩进深度的方法。通常而言，踏步段鼻（楼梯踏步凸出来一点点）距离踢脚挡板的尺度需控制在 30mm 以下。室内踏步板立面设计示意图，如图 5-37 所示。

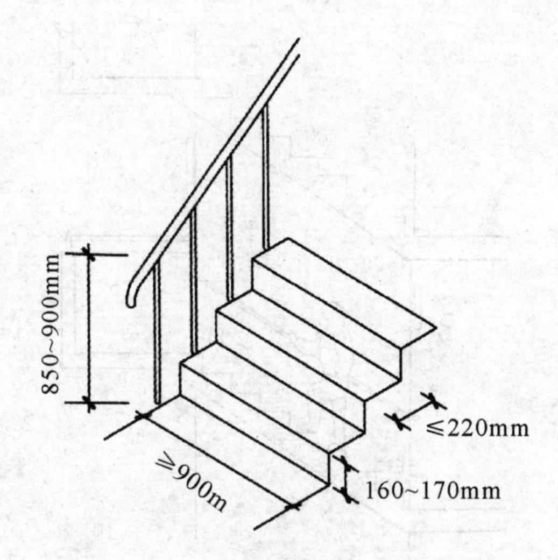

图 5-36 户内楼梯尺寸设计示意图

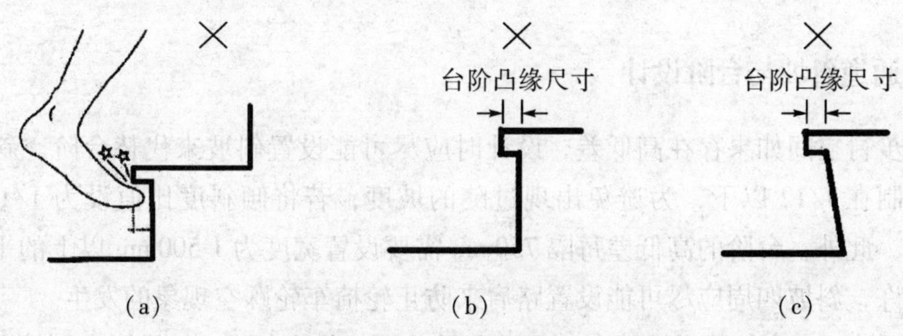

图 5-37 室内踏步板立面设计示意图

楼梯区域需考虑适合的照明设计，尤其是楼梯间内应在多处设置照明设备，预防和避免室内踏步板出现阴影光斑。设计师还需要在照度、照明预设角度、涉笔安装位置等方面予以充分考量，最终要确保老年人在上下楼梯的过程中既能够看清踏步板，又能够避免光线直接射入眼睛。关于该方面，建议在楼梯间或楼道内设置适宜间距的地脚灯。楼梯照明设计示意图，如图 5-38 所示。此外，设计师需要应对老年人视力下降的情况，需将照明灯具调节到适宜的亮度，建议照度值为 100lx。

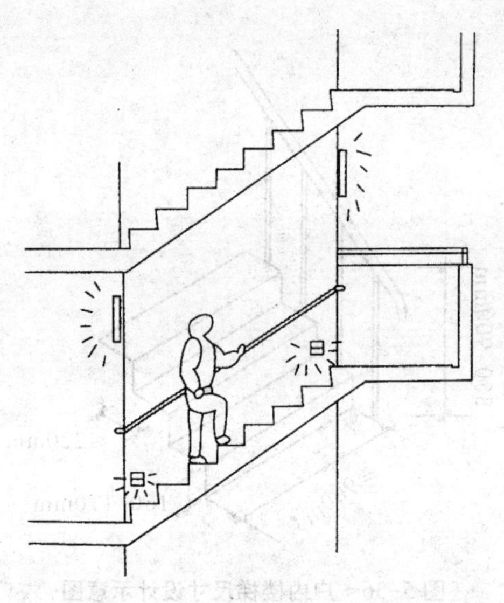

图 5-38　楼梯照明设计示意图

四、通道斜坡与台阶设计

户外步行空间如果存在高低差，设计时应尽可能设置斜坡来代替台阶。斜坡坡度应尽量控制在 1/12 以下，为避免出现过陡的坡度，若将倾斜度比值设为 1/15 ~ 1/18 最为理想。此外，台阶的高低差每隔 750mm 需要设置宽度为 1 500mm 以上的平台。如果条件允许，斜坡四周应尽可能设置路肩来防止轮椅车轮踩空现象的发生。

在不同地面高度的通道设计中，需要采用 3 阶以上的台阶。如果因个别情况只允许采用 1 阶或 2 阶台阶，那么会容易导致垂直型高低差难以被老年人注意到，为了避免摔倒、跌落等事故发生，设计者可从材料、颜色及照明方面做设计的“文章”，通过变化的设计手段让垂直型高低差变得易于老年人识别。台阶设计示意图，如图 5-39 所示。

图 5-39　台阶设计示意图

五、通道入口设计

为确保老年人能够安全地从住宅建筑出入口到达各自的住宅内，设计师需要充分考虑和满足不同健康程度的老年人的需求。因此，针对坐轮椅的老年人，为满足他们能够安全地上下楼，在适老化居住空间中，设计师需考虑电梯间的设置与应用。前期在针对电梯间的规划设计中，需确保足够的空间来满足轮椅在电梯间的转动，只有确保电梯间有足够的面积，才能方便坐轮椅的老年人安全而便利的通行。在电梯出入口的有效宽度方面，设计师应该充分保证轮椅能够通过的宽度值。除此以外，电梯间内部按钮的智能调控也需要与常见的不同，需要有针对性的调控，譬如开关电梯门的按钮不能调节为自动打开/关闭的状态，应设置到手动控制的状态，这样可以有效防止坐轮椅的老年人出入电梯时不被电梯门夹伤的情况发生。电梯间设计示意图，如图 5-40 所示。

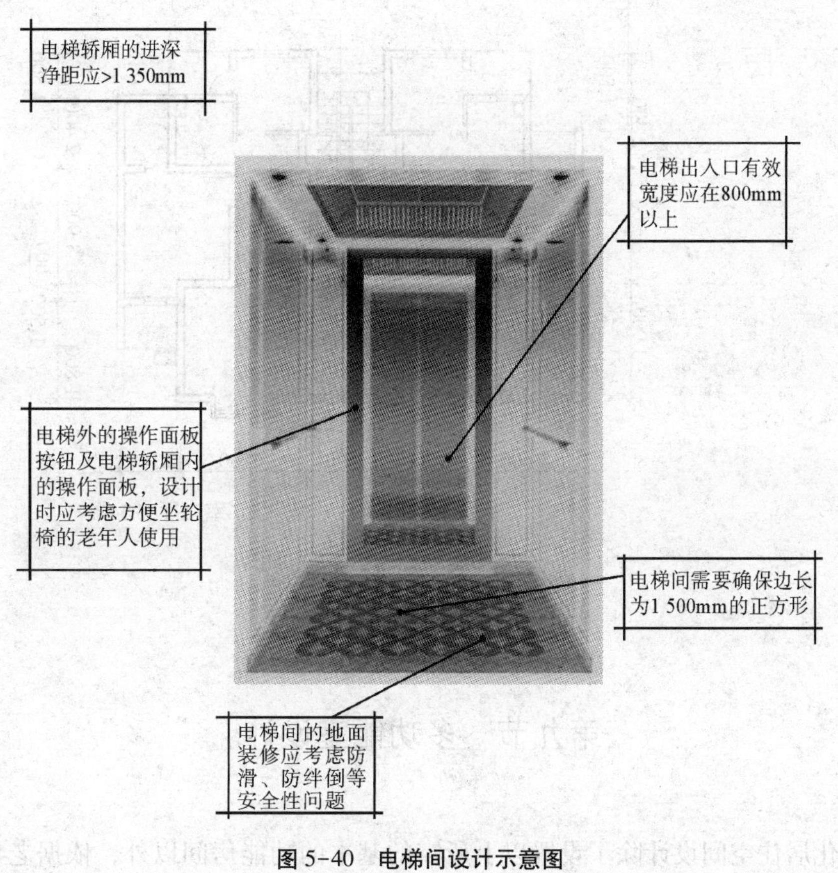

图 5-40　电梯间设计示意图

【思考·讨论】

★在通道空间的楼梯设计中应如何体现适老化设计细节？

【课后实训】

（1）简述智能家居在适老化通道中的设计应用及体现优势。

（2）寻找任意户型，设计适老化通道空间，要求置入智能家居设计与楼梯设计，并绘制两张主要的通道空间立面图和一张楼梯细节三视图。可参考户型图，见图5-41。

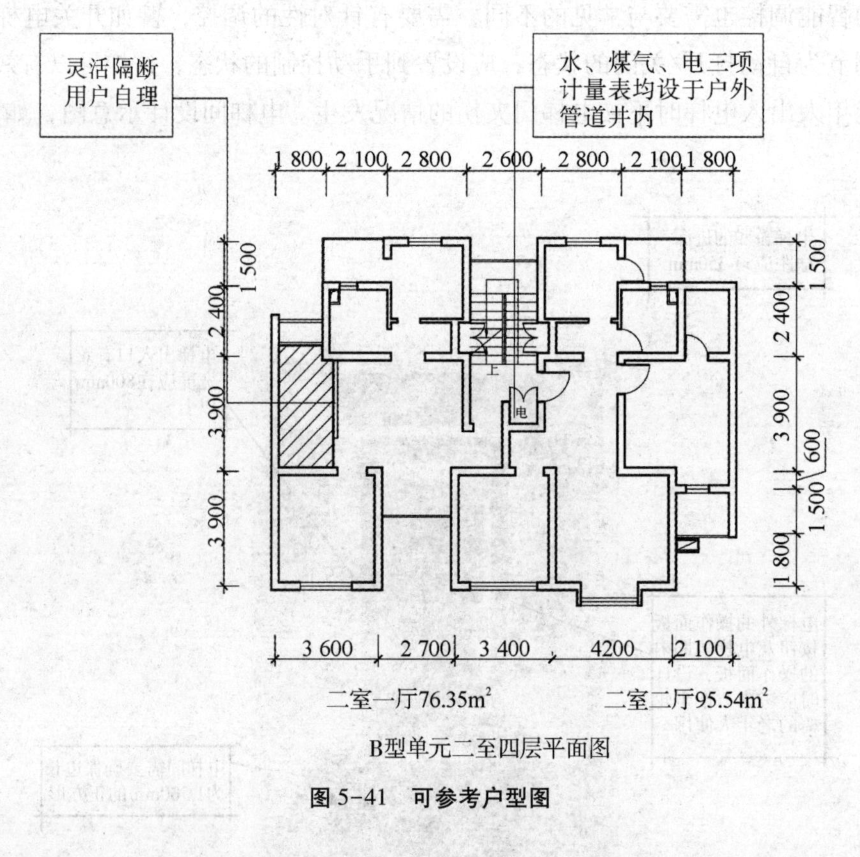

图5-41　可参考户型图

第九节　多功能室设计

适老化居住空间设计除了设置以上所需的基本的功能房间以外，依据老年人个性化需求和实际住房条件（不小于套三户型）可考虑纳入多功能用房，如棋牌室、书画室、佛堂等一类常用的适老化家装室内空间。而护理站、康复训练室、实操室、淋浴间、各类诊疗室、抢救室等其他多功能用房一般多用于社区养老院或老年公寓的项目分类设计中，故不在本章讲述内容范围内。关于相关性设计准则、人机工程学、装饰选材、空间规划、智能家居等设计维度已在前文各小结中分别进行不同程度的介绍，在此也不再赘述。

第十节 本章小结

本章为全书核心章节之一，包括本章小结在内共分设10个小节，具体围绕适老化居住空间中的室内各局部空间的设计内容展开较为全面和详细的阐释与研讨。分别是从人机工程学、适老化设计准则、空间规划、装饰选材以及智能家居设计五大维度，即通过“精细化设计—无障碍设计—全屋智能家居设计”三种不同的设计方向进行设计延展和要点阐述。依据前9个小节内容分别进行如下设计要点与知识点归纳：

在第一节门厅设计中，主要介绍内容分别为空间形式、人流动线、通行宽度、人体感应灯、家具布置、家居智能化产品（智能猫眼、智能门锁、防盗报警、远程监控）、地铺材质、精细化设计（人机工程学原理）、开关插座布局、玄关墙（通透型、封闭型）10个不同的知识点。门厅知识要点归纳，如图5-42所示。

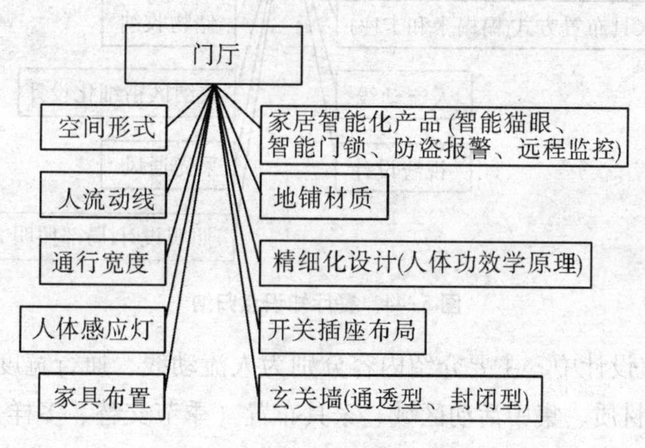

图5-42 门厅知识要点归纳

在第二节起居室设计中，主要介绍内容分别为空间尺度（开间）、人流动线、家具布置、立面规划（坡道设计）、地铺材质、照明设计、家居智能照明系统、智能鱼缸、电动窗帘与智能窗帘9个不同的知识点。起居室知识点归纳，如图5-43所示。

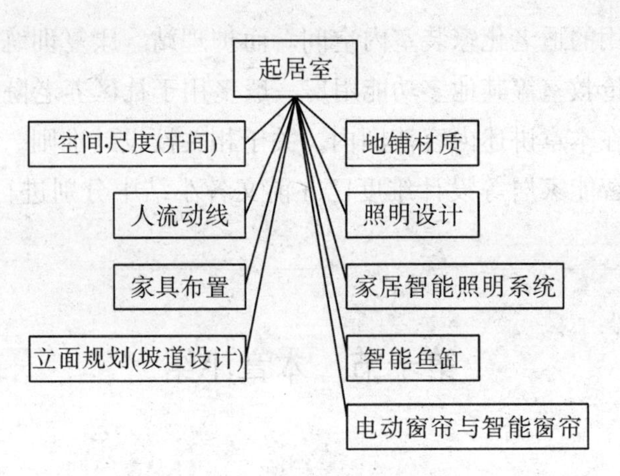

图 5-43　起居室知识点归纳

在第三节餐厅设计中，主要介绍内容分别为多功能划分（遥控伸缩式餐桌椅）、新型家具布置方式（榻榻米和卡座）、人流动线、视线设计、地铺材质、储物收纳、收纳区精细化设计、采光通风、照明设计（局部照明方式）9 个不同的知识点。餐厅知识点归纳，如图 5-44 所示。

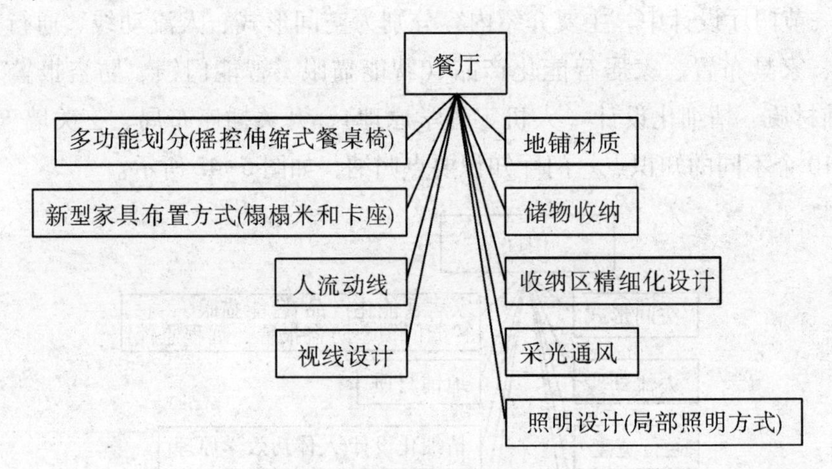

图 5-44　餐厅知识点归纳

在第四节卧室设计中，主要介绍内容分别为人流动线、通行宽度、空间尺度（人机工程学）、地铺材质、集中活动区域、家具布置（季节交替、多样化需求）、门窗格栅、储物收纳精细化设计、开关插座、灯光远程控制系统、热工环境 11 个不同的知识点。卧室知识点归纳，如图 5-45 所示。

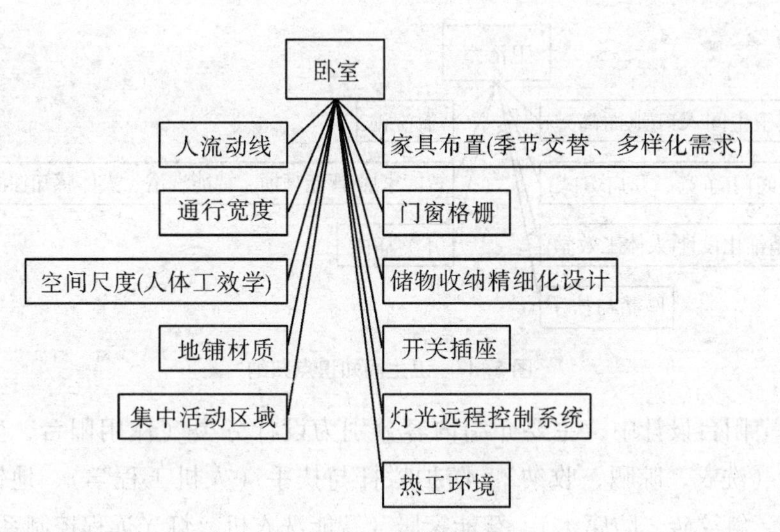

图 5-45 卧室知识点归纳

在第五节厨房设计中，主要介绍内容分别为操作活动空间、人流动线、操作台布置形式、厨房门、采光通风（洗涤池、厨房窗）、厨房承重墙、开关插座、储物收纳（网红物品）、智能家居（煤气探测器、水浸探测器、智能冰箱）、装饰选材（地铺、墙铺）10 个不同的知识点。厨房知识点归纳，如图 5-46 所示。

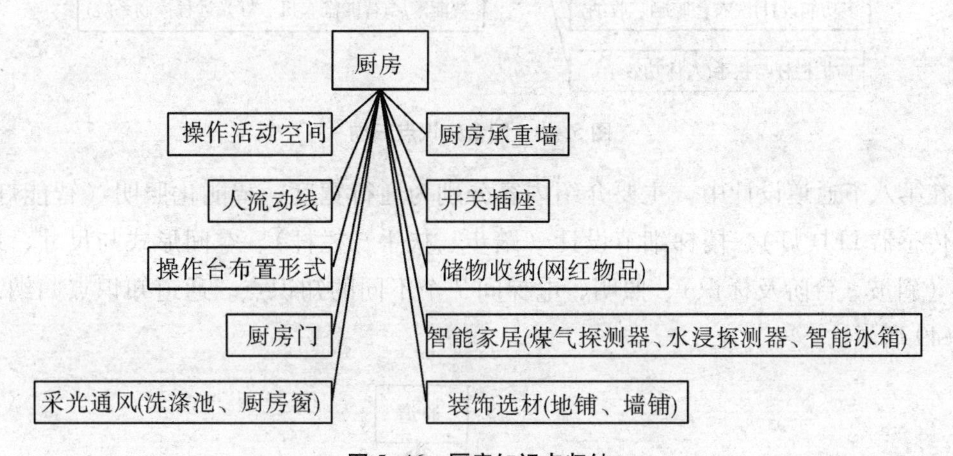

图 5-46 厨房知识点归纳

在第六节卫生间设计中，主要介绍内容分别为卫生间入口（地面高差）、卫生间门（净宽、开启方式）、精细化设计（人机工程学）、座凳与扶手、盥洗池、智能家居（智能马桶、智能洗浴、人体感知探测器）、开关插座 7 个不同的知识点。卫生间知识点归纳，如图 5-47 所示。

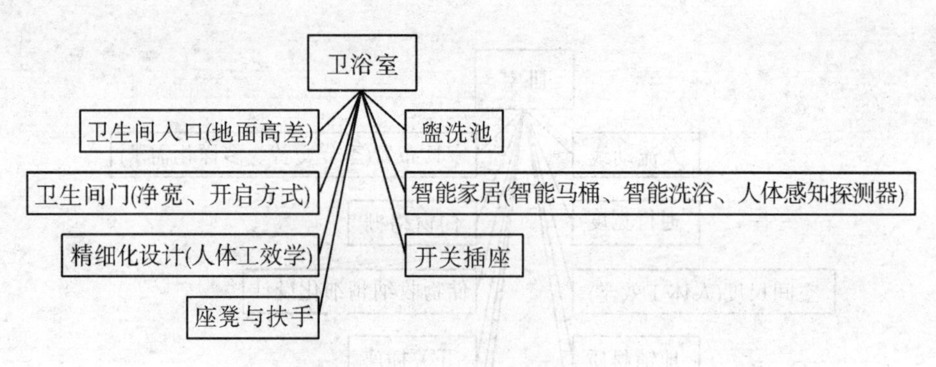

图 5-47　卫生间知识点归纳

在第七节阳台设计中，主要介绍内容分别为设计分类（休闲阳台、生活阳台）、多功能设计（洗衣、晾晒、收纳）、防护栏杆与扶手（人机工程学）、地铺材质（地砖、木纹砖、斜纹砖、防腐木）、智能家居（智能洗衣机、灯光远程控制系统）5 个不同的知识点。阳台知识点归纳，如图 5-48 所示。

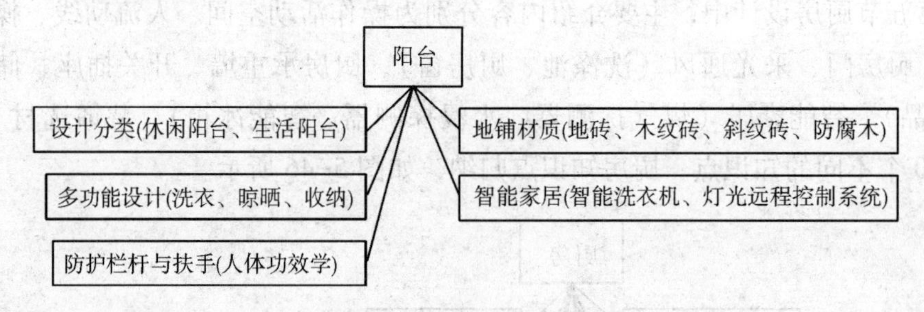

图 5-48　阳台知识点归纳

在第八节通道设计中，主要介绍内容分别为通行宽度、智能化照明（智能灯带、运动传感器 LED 灯）、楼梯细节设计（踏步、扶手、栏杆）、空间形式与尺寸、地面高差（斜坡、台阶及标识）、照明、电梯间 7 个不同的知识点。通道知识点归纳，如图 5-49 所示。

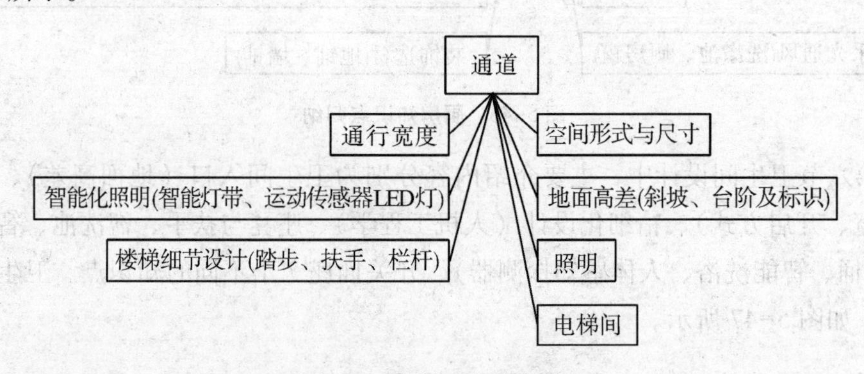

图 5-49　通道知识点归纳

在第九节多功能室设计中，主要是从老年人个性化需求和住房条件的角度出发，重点强调棋牌室、书画室、佛堂等适老化家装多功能室设计，具体知识点不做重复性阐述。多功能室知识点归纳，如图 5-50 所示。

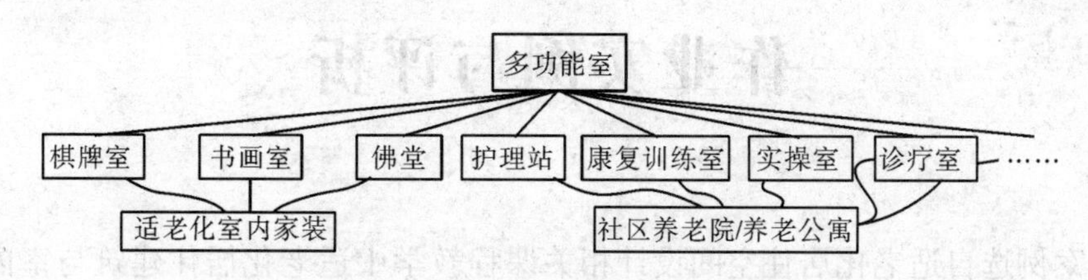

图 5-50　多功能室知识点归纳

此外，适老化居住空间设计不仅局限于无障碍设计和精细化设计，全屋智能家居设计解决方案也是当下和未来的一种不断提升老年人人居体验的设计策略和方法。随着《2019 中国智能家居发展白皮书——从智能单品到全屋智能》的正式发布，体现了我国智能家居产业联盟 CSHIA 与全屋智能产业链企业对全屋智能生态的现状和未来发展的深入探讨及设计展望，作为适老化居住空间设计研究的引领趋势，为倡导老年人生态宜居、舒适体验带来新的设计发展方向。在智能家居的应用方面，本章主要介绍了智能门锁+智能猫眼、智能防盗系统、智能洗衣机、智能冰箱、灯光远程控制系统、智能马桶、煤气探测器/水浸探测器、智能窗帘、智能鱼缸、智能洗浴 10 个知识点。适老化家居智能产品，如图 5-51 所示。

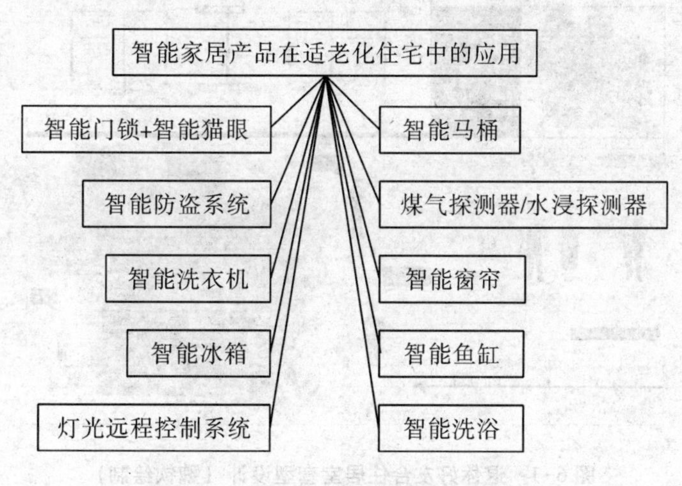

图 5-51　适老化家居智能产品

第六章　“适老化居住空间设计”作业实例与评析

本章案例选自适老化居住空间设计相关课程教学中适老化居住建筑与室内设计部分较为优秀的学生课后作业案例①。作业要求学生自拟老年人住户的基本情况，并依据给定的住宅套型平面图进行新建式设计及设计改造，以适应老年人的生活需求，力求达到安全性与舒适性的结合。

第一节　案例 1——退休好友合住居室套型设计（见图 6-1）

老年住宅设计—适老化家居

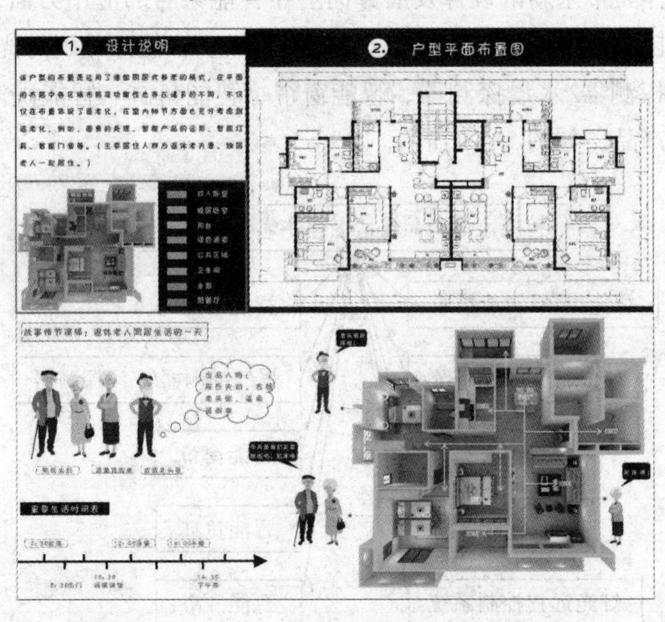

图 6-1　退休好友合住居室套型设计（魏钦绘制）

① 本章中出现的展板图片均为学生课后作业，用于展示整体的方案效果，故部分图片不够清晰，欣赏学生的整体方案设计即可。

一、住户基本情况说明

本套户型内建筑面积为127m²，一共居住4人，均为刚退休的老年人，年龄均为60周岁左右，是一群退休好友商约一起共同生活，一起来承担房费和生活开支及家务。在这套三居室中的居住人员为：一对老夫妻、两位失去另一半的空巢老年人。他们均为自理型老年人，身体状况较好。考虑到居住老年人随着年龄的增长身体机能会产生退化，在行动上会有不便。因此，在设计中还应充分考虑居室空间使用的持久性、易改造性及活动性。

二、空间规划设计说明

该户型的布置是借鉴了德国同居式养老模式，在平面布局中各区域空间规划及功能设计做出了更多适老化设计的要点，主要体现在空间上的开敞性营造，使用动线顺畅，通道尺度合理。关于功能区的布置，共同活动区和个人休闲区均考虑其中，老年人可以独自读书看报，也可午后与其他老年人一起沐阳品茶。不仅在平面布置中体现适老化这一特点，在室内细节上也充分考虑精细化设计，如家具做圆角处理、对智能家居产品的运用等。智能感应灯具可以改善老年人的视力、减缓视力障碍、减少事故的发生。智能马桶产品的自动感应功能，能有效减少老年人身体屈伸的次数和肌肉拉伸的幅度。智能门窗、高密度推拉门窗及有效的隔音通风等设计，使得老年人肢体摆动幅度较小，为老年人提供便利。此外关于护理床的设计运用，在平时可作为普通床使用，但当老年人卧床生病时，护理床可以有效帮助老年人更好地进行身体恢复。

三、设计方案评析

该空间方案设计借鉴了德国同居式养老模式，在平面空间布局、功能分区、动线设计、智能家居理念置入及精细化设计等方面均进行了不同程度的考虑及设计体现，并结合不同老年人的分区活动、兴趣点、老年人身体特征等多向考虑，从以人为本的设计视角探讨了门窗、床位的设计方法。整体方案设计较为合理实用，设计思想较为全面透彻，但针对窗户开启方式、门把手类型选择、人机工程学尺度舒适度规划、储物收纳设计的适老化与精细化设计还不够深入，需做深度思考与进一步优化，如考虑后期清扫选用朝内开启的平开窗、门把手采用杆式把手易于老年人握持等，从而让同居式户型空间规划更为实用可行。

第二节　案例 2——三代同堂居室套型设计（见图 6-2）

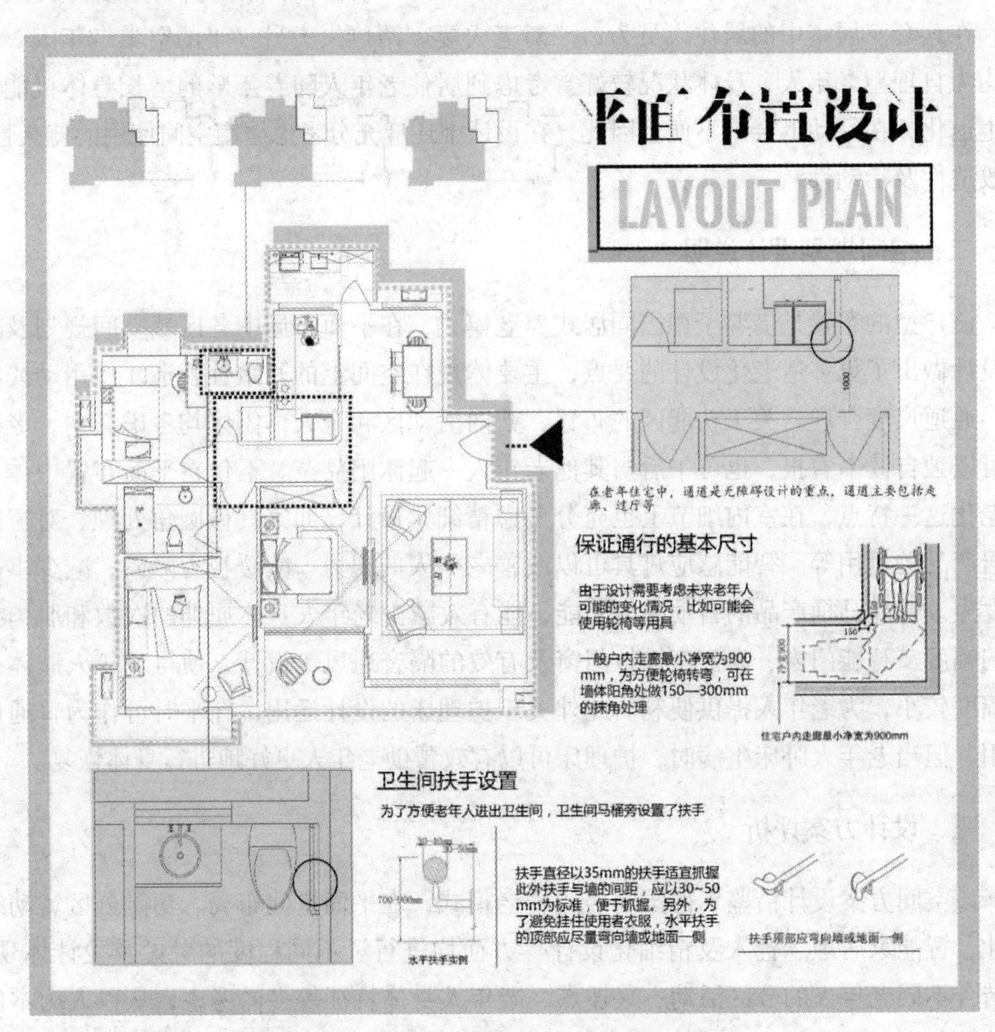

图 6-2　三代同堂居室套型设计（刘梦霞绘制）

一、住户基本情况说明

本套户型总面积约 116.8m^2，居住者为一位老年人、一对年轻夫妇及孙子女。

二、空间规划设计说明

该户型为套三住宅空间，方案设计基于住户基本使用情况以体现适老化空间设计目标。基于老年人居住需求，通道设计将作为住宅无障碍设计的重点加以考虑。现如今一些住宅通道设计存在不合理现象，如宽度较窄影响通行或通道利用不当造成空间浪费等。对于标准化预设的通道设计不仅需要确保合适的通行宽度以保证老年人顺利的通行，还需要提升通道空间的利用率及方便性。在本方案户型中，通道主要包括走廊与门厅使用面积，基于规范要求，户内走廊最小净宽需设 900mm，因此整个住宅户型的通道设置在 1 000mm 的预留宽度，以满足老年人对走廊空间的无障碍化需求。同时考虑适老化空间的时间维度，在未来期间老年人可能发生的身体状态变化也应予以评估，如未来老年人可能产生使用轮椅等辅助器具的情况，因此通道空间应做一定设计预设，确保使用者能通过步行辅助用具及护理轮椅顺利安全地通行与回转。在走廊的墙体阳角处做了 150mm 的抹角处理，以便使坐轮椅的老年人能安全转弯。此外为有效保障老年人的居住安全，方案设计中在需要倚靠撑扶的位置上设置了无障碍扶手，以便较大程度地帮助老年人在突发情况下维持身体平衡及稳定重心的设计目的。扶手主要设置在楼梯、厕所、浴室、门厅及更衣室等空间中，且重要程度依次为：厕所浴室 > 楼梯 >门厅及更衣室。为老年人的生活创造一个更加舒适安全的环境。

三、设计方案评析

该方案重点结合人机工程学尺寸考虑适老化空间设计中通道的预留宽度，并对墙体阳角及空间区域进行倒圆角处理及安全扶手设计。但平面空间规划缺乏完整的设计考虑，因而存在一定的设计问题。如户型中存在多处 L 形空间平面形式，主卧与次卧阳台空间过于狭窄，无法满足人机工程学尺寸，造成空间使用的浪费及空间死角；没有很好地利用门厅空间、门后空间及餐厅区域来创设更多的储物收纳；户型中心区域的卧室设计缺乏较充分的通风采光。

第三节　案例 3——护理型老年人居室套型设计（见图 6-3）

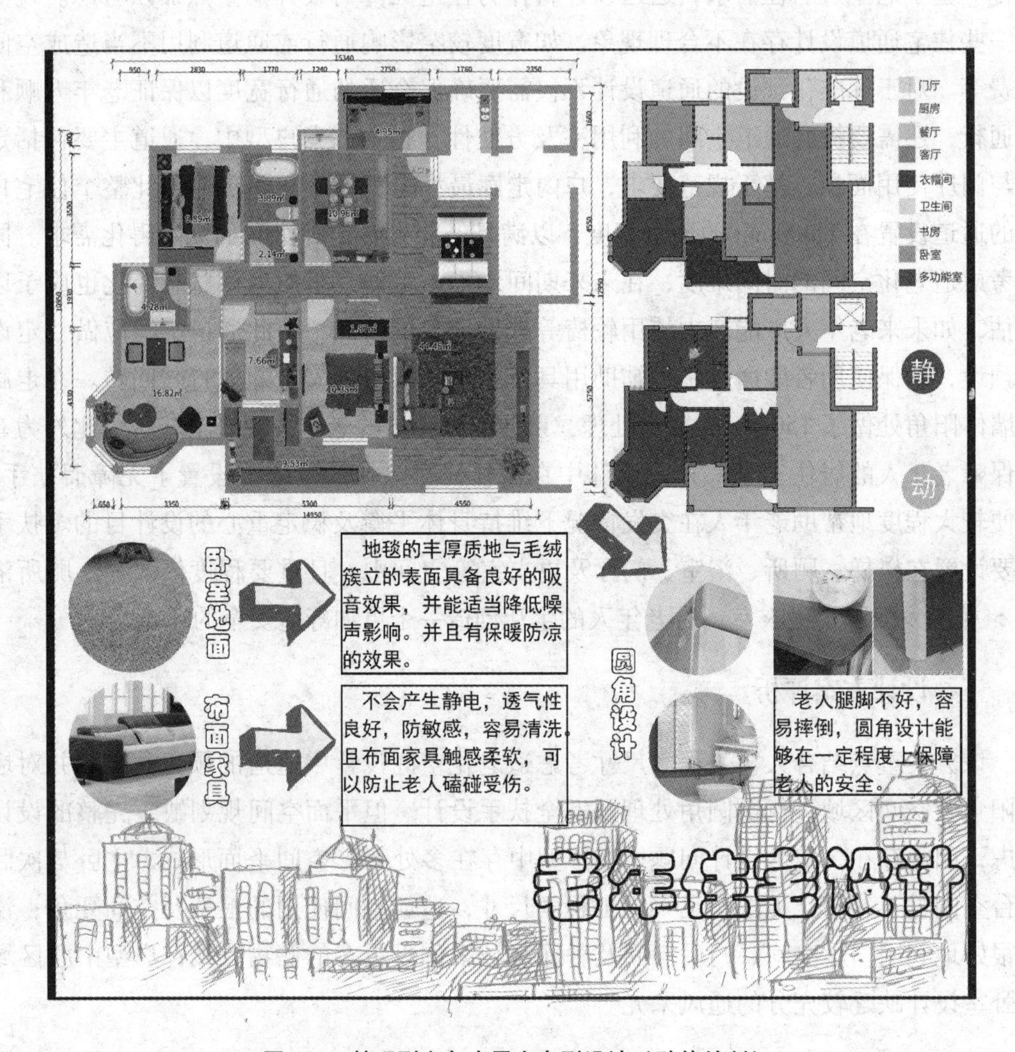

图 6-3　护理型老年人居室套型设计（孙缘绘制）

一、住户基本情况说明

本套户型的住户为一对有生活自理能力的 65 周岁老年夫妇及一位护理人员。

二、空间规划设计说明

1. 舒适性与安全性

居室空间的卧室地面铺装主要是采用全铺地毯，考虑到老年人睡眠浅、易起夜，铺地毯能够尽量减少噪音，减少对他人睡眠质量的影响，且地毯本身具有保暖防凉的功效，对老年人身体健康存在一定益处。家具的选择方面考虑到舒适性与实用性，选用布面家具。布面家具易清洗，且舒适度高，性价比较高。在细节处理上，采用在桌角、墙角等易发生磕碰的区域采用圆角化处理方式。

2. 空间布局

在空间布局上，主要是采用动静分区的方式，将娱乐功能和休息功能分区化处理，这样可以为住户营造一个舒适静谧的生活环境。该户型左下角有一个近圆形的空间，透光性好，面积较大。因此，将圆形空间作为多功能室进行设计，老年人可以和三四位好友在这里喝茶聊天、下棋。这里的视野较为开阔，作为休闲娱乐放松的区域较为合理。

3. 卫生间

卫生间设计采用了干湿分区的设计方式，中间利用推拉门隔断开。因考虑到老年人在浴室中较为湿滑的地方容易发生滑倒现象，通过干湿分区可有效避免洗手间因过于湿滑造成老年人意外事故。浴室地面采用防滑材质进行铺装，且在临近马桶的墙面安装安全扶手，满足老年人的安全倚靠心理。

三、设计方案评析

方案设计亮点在于对户型中南向圆形空间的合理利用，将圆形空间结合其本身优良的通风采光及视野良好的特征作为对休闲娱乐功能空间定位的依据，但休闲沙发及其余家具布置不够优化，产生分布较碎、占用过多空间的视觉感受，同时阻挡了老年人想要靠近窗户眺望室外远景的心理诉求。此外，房间门的开启方式使得通行空间受到一定阻碍和影响。衣帽间面积过大，其本身的 L 形空间平面形式造成了一定的空间死角，影响了书房的通风采光。多功能房间与其余空间过于封闭，导致缺乏必要的视线连通及动线可达性。

第四节　案例4——首层带入户花园的老年人与子女合住套型设计改造（见图6-4）

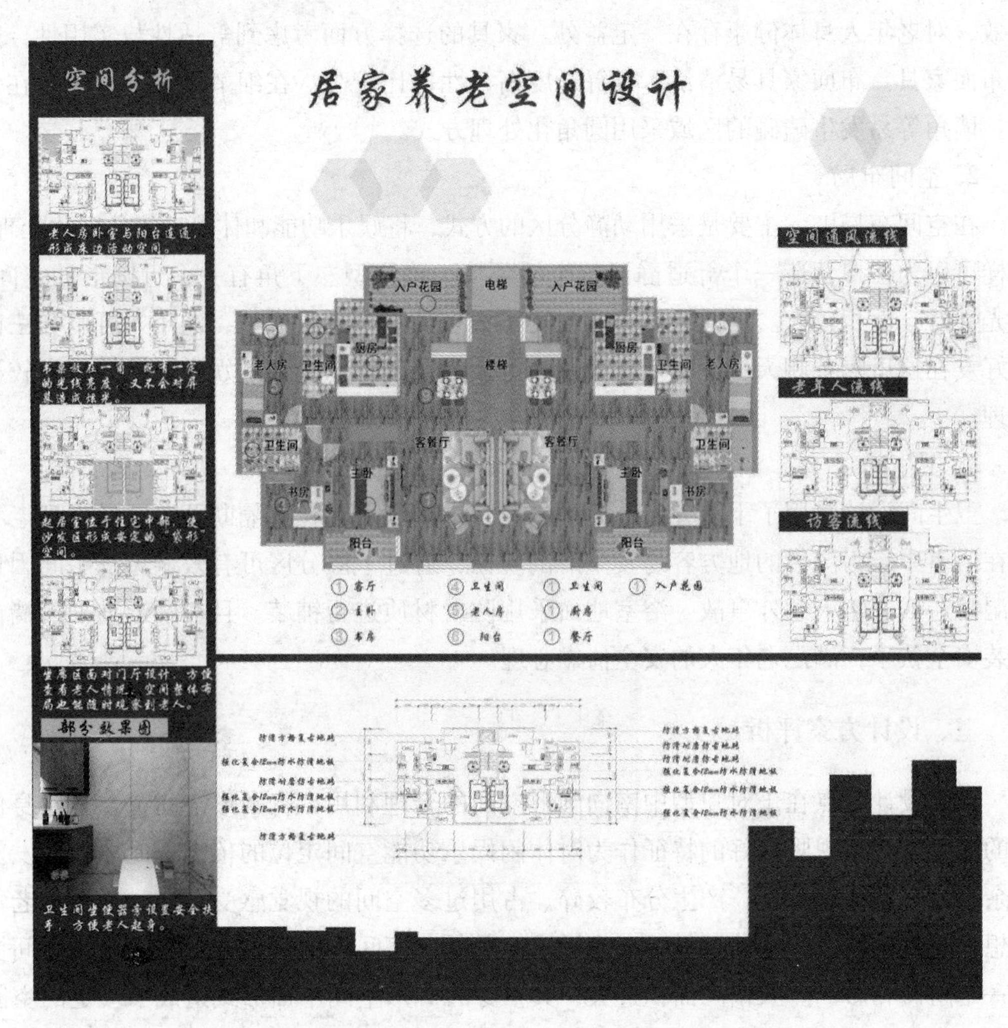

图6-4　首层带入户花园的老年人与子女合住套型设计改造（曾林绘制）

一、住户基本情况说明

该住宅户内建筑面积为115.6m²，三室两卫两厅，三口之家，一位老年人跟随儿子儿媳生活（居家养老）。老年人平时喜欢养花养草，也喜欢在阳台晒太阳，儿子儿媳工作很忙，老年人平时会在晚上做好饭菜等他们回家。

二、空间规划设计说明

1. 厨房

首先，在玄关处将原有墙体及厨房一面墙进行拆除，以扩大入户花园的使用面积及增加进门处空间的通透感，目的在于考虑老年人喜爱养花养草的生活情趣，为老年人提供更多休闲活动空间。其次，原有户型中厨房面积基本作为围合式空间存在，对于老年人用户的舒适度需求大打折扣。因此，需要对厨房使用面积进行适度改造。具体的方案是：对进门处次卧房间的部分墙体进行拆除，将更多使用面积并入厨房，从而形成开放式厨房使用空间及进一步增加户内活动空间。此外，考虑老年人经常自己做饭，如果是开放式厨房会更有利于家人观察老年人的情况，增进视线连通性。

2. 老年人卧室

在老年人卧室设计上首先考虑其环境因素，老年人休息时希望拥有较为安静的休憩环境，所以老年人所在卧室的位置应设于房屋最里处，将房间与阳台相连的玻璃隔断进行拆除，并保留入口处，使阳台和卧室形成一个紧密联系的空间整体，从而使老年人床边的活动区域扩大，增强分区活动的需求及舒适度。

3. 卫生间

为了便于老年人如厕的需求，考虑将公卫设于老年人所在卧室附近。在卫生间内坐便器旁的墙体一侧设置安全扶手，主要为老年人如厕起身弯腰的肢体活动带来依靠和撑扶。

三、设计方案评析

本方案优点在于通风采光良好，视线具有一定的通透性、连通性。有效利用分户门后面的空间用于收纳储物，将鞋柜作为一种弹性隔断的方式形成门厅与餐厅之间的分隔带，对视线不产生阻隔。缺点主要在于无障碍设计需求考虑不够全面，有些规划设计说明没有很好地在平面布局中充分体现。卫生间中考虑了安全扶手，但从可持续发展角度来讲，也需要考虑老年人在未来将会产生的设计需求，依据实际情况扩大卫生间的使用面积及通行宽度，如应提前在老年人所在卧室的内卫空间中预设 1 500mm 的轮椅回转空间，以满足老年人未来使用需求，同时提前加大预设通行空间，对老年人现在使用带来一定的畅通和便利。此外，各房间在门的类型设计和门的开启方式上缺乏无障碍化设计思考。

第五节 案例5——老年人与子女合住套型设计（见图6-5）

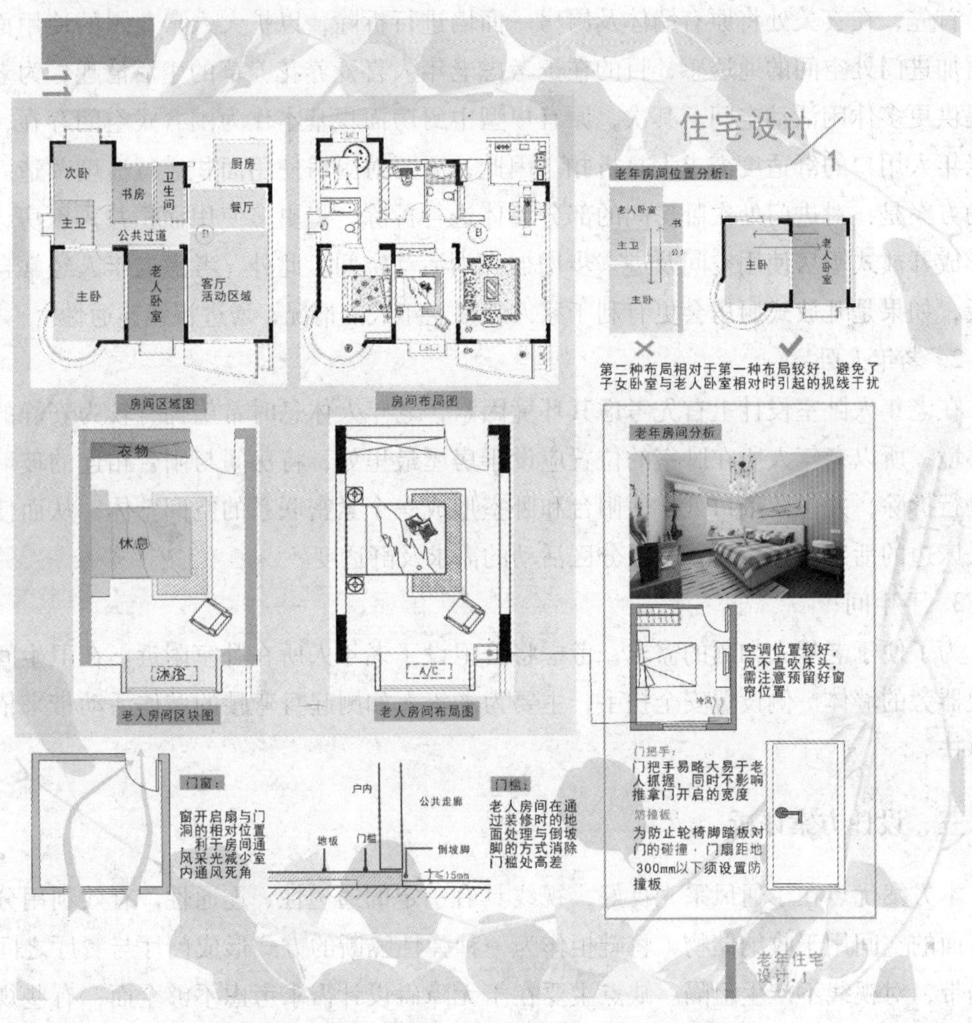

图6-5 老年人与子女合住套型设计（何雪白绘制）

一、住户基本情况说明

户型：四房二厅居住空间。套内建筑面积127.76m²，实用率为89.77%。居住有一对老年人夫妇和两个年轻未婚的子女。两位老年人平时喜爱晒太阳、锻炼身体，其中一位老年人常年坐着轮椅。

二、空间规划设计说明

1. 老年人卧室位置的空间规划

由于该空间面积较大，空间整体较为宽敞，因而设计整体布局将四房中的三房用作卧室，一房作为书房使用，从而满足四人居室空间的功能需求。在老年人所在卧室的空间布局上主要考虑了两个方面。第一，老年人的卧室应具备充分的通风采光的需求。因而，首先排除北向卧室，而选择朝南一侧的卧室。第二，老年人的卧室空间规划应在满足视线联系的基础上尽量减少老年人与子女间的视线干扰。在大多数老年人与子女同居的家庭中，大多数老年人较为排斥子女来干涉自己的行为日常生活，如若将老年人房间放置于次卧位置，则将与主卧的位置相对，在视线上容易与子女间产生干扰从而带来生活不便。因而老年人卧室的位置规划既要减少对子女作息的干扰，又要满足老年人出行活动的便利性。考虑到老年人的作息时间较为规律以及晚上起夜的现象，应将老年人的卧室与卫生间临近设置，从而减少老年人起夜如厕的行走动线。同时，该户老年人平日热爱早起锻炼身体，因而将老年人房间位置设在临近门厅处，以加强与外部交通流线之间的联系，同时人流动线规划也在一定程度上避免了老年人与子女间的相互打扰。

2. 居室空间设计

在适老化居室空间设计中考虑了六个方面。其一，设计消除了门槛的高度，如分户门，主要是通过在地面装修处理中采用“倒坡脚”的方式来消除分户门门槛的高差，以防止老年人进出家门时意外跌倒、摔伤事故等情况。其二，门的设计引入无障碍设计理念作为居室空间设计的重点之一，主要体现在门把手即防撞板的设计上。为了方便老年人抓握，门把手尺寸设计要比普通把手略大，同时不影响推拉门的宽度。其三，为防止轮椅脚踏板对门的碰撞，门扇下部设置了350mm高的防撞板。其四，创造良好的通风采光条件。窗开启扇与门洞的相对位置，利于房间通风采光，减少室内空间的通风死角。其五，空调的位置应放于床的尾部，避免冷风直接吹向头部而给老年人带来不适。其六，老年人房间的家具选择应尽量采用倒圆角形式，避免尖锐的棱角对老年人身体造成伤害。

三、设计方案评析

这个设计方案是为老年夫妇及年轻子女合住的居室套型进行设计。该方案的精彩点在于从原户型四房中对老年人卧室的位置筛选。这需要对住户人群、用户使用习惯做较全面的综合考虑。该同学在设计中引入老年人的生活习惯，将老年人生活需求置入人流动线规划设计中，包括老年人卧室与子女视线连通及干扰的两个对立统一的设计要点加以平衡化分析，最终将南向东侧卧房作为老年人卧室加以设计。

但方案设计也存在一定缺点。主要问题在于整个适老化空间设计中对于轮椅回转空间及通行需求在表达上没有进行显示，需要结合人机工程学尺寸进行合理布局及精细化表达。

第六节　案例6——老年夫妇居住套型设计（见图6-6）

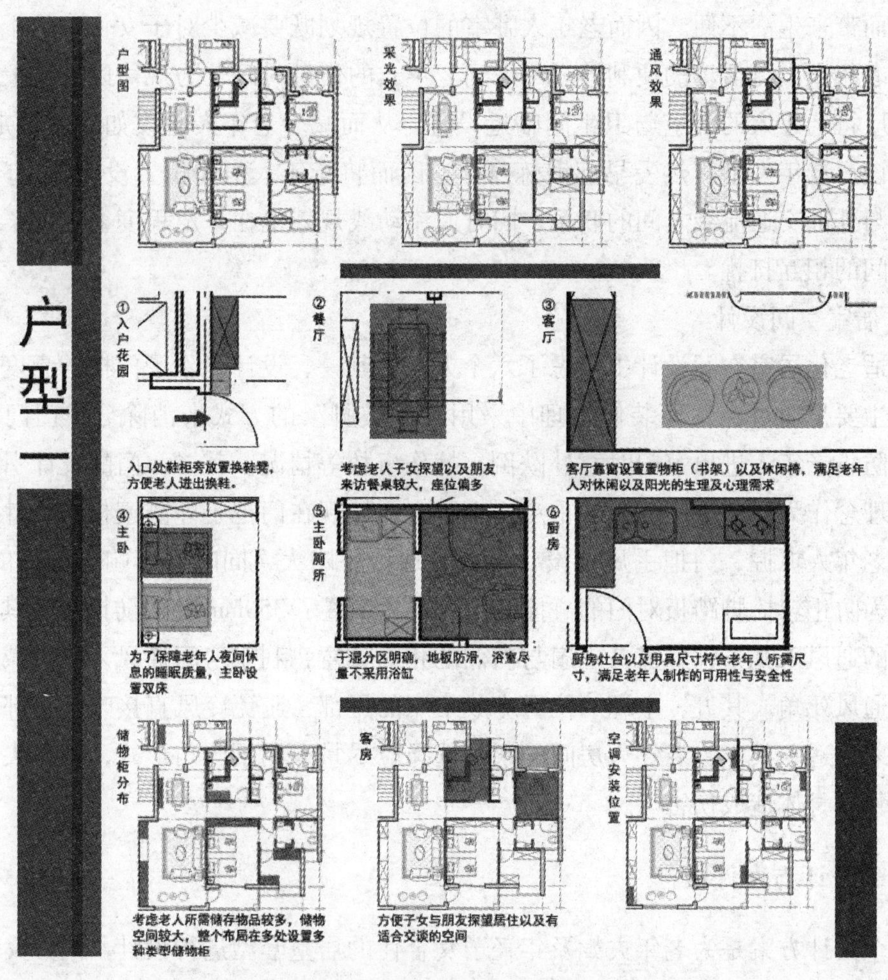

图6-6　老年夫妇居住套型设计（杨艾玲绘制）

一、住户基本情况说明

整个户型空间总面积为128m²，住户是一对老年夫妇，在日常生活中常有朋友亲临拜访。老年夫妇平时有各自的兴趣爱好，生活均能自理，子女常在周末前往陪伴。

二、空间规划设计说明

1. 入户花园部分

入户花园部分面积约3.8m²，考虑老年人脱鞋换鞋有诸多不便，鞋柜旁设立换鞋凳，方便老年人脱鞋换鞋等，减少在脱鞋换鞋过程中可能引发的安全隐患；临窗设置看书椅，在采光较好的位置方便老年人阅读以及与朋友交谈等。

2. 厨房部分

厨房部分面积约为5.7m²，操作平台转角处皆采用圆角处理，降低老年人磕碰受伤的概率，台面高度符合老年人的人机工程学，便于老年人操作。

3. 餐厅部分

餐厅部分面积约为11.5m²，考虑老年人的住宅环境中常有朋友拜访以及子女周末会前往陪伴，餐桌采用八人座位，靠墙摆放，留出充裕的通行空间。

4. 客厅部分

客厅部分面积约为28.8m²，由于人数的不定性，沙发在空间中占位较大，座位偏多，方便会友以及周末与儿女子孙间的亲子时光。电视机左右两侧打造满墙储物柜、置物架，增加储物与收纳空间，以满足老年人对储物空间的需求。起居室南侧靠窗设置休闲座椅便于老年人休闲会友时使用。

5. 主卧部分

主卧部分总面积约30.2m²，其中卧室休息区域约16.2m²。考虑老年人对睡眠环境的安静及私密性要求，分床睡比较合适，并设置充裕的衣柜空间用于老年人储物收纳。卧室内卫生间的面积约6.5m²。对卫生间的干湿分区进行严格把控，地面采用防水地砖，减少老年人因踩水而滑倒的风险。除此之外，卧室中还设立了储物空间，该空间面积约7.5m²。

三、设计方案评析

该方案设计的优点在于：在各房间面积上进行了一定的合理规划，平面布局中将老年人储物收纳的功能需求考虑在内，同时在起居室南侧考虑设置了供老年人休闲、

看书、会友的功能区。缺点在于：居室平面规划缺乏深度思考，即无障碍化设计、精细化设计没有很好地在平面图中体现，如适老化卫生间内缺失安全扶手的精细化设置和紧急呼叫器的安装，因而没有较好地将适老化居室空间的安全性、舒适性做到位。

第七节　案例7——小面宽大进深老年夫妇居住套型设计（见图6-7）

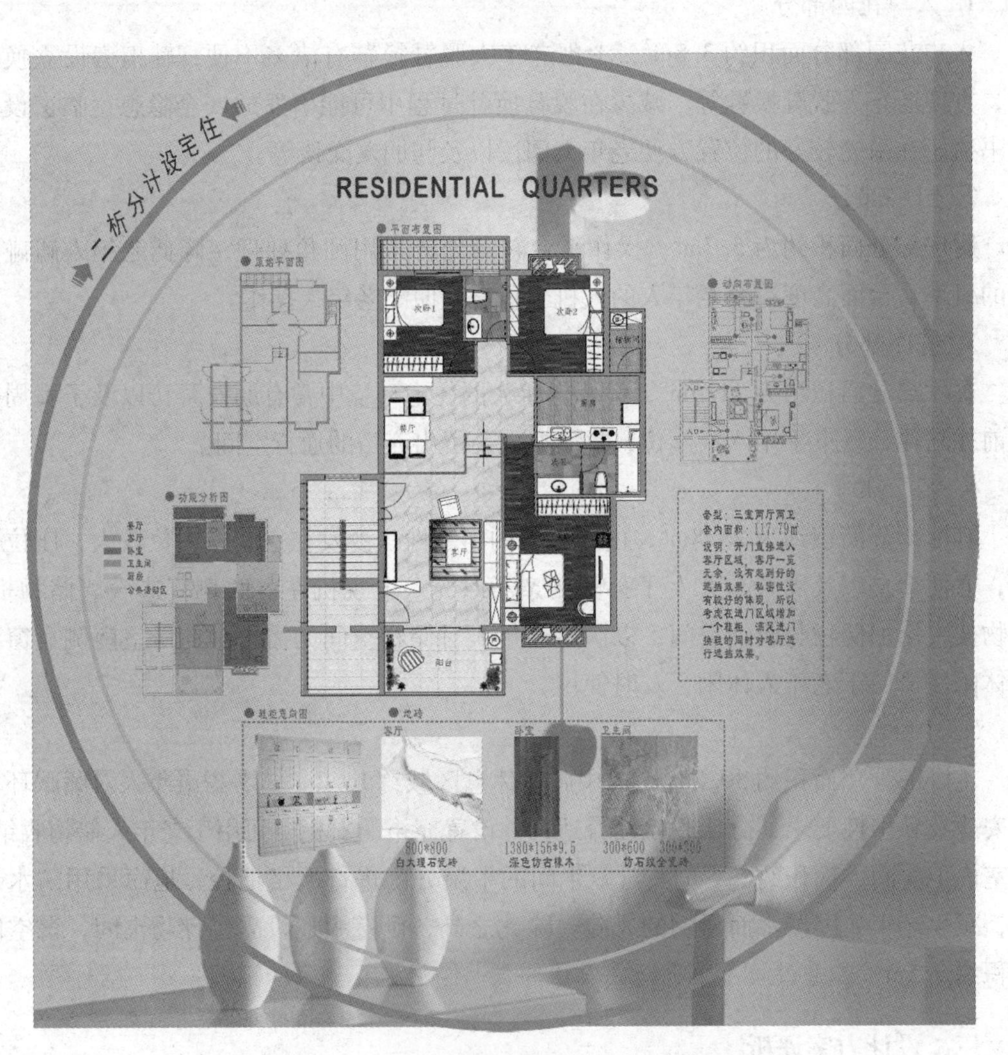

图6-7　小面宽大进深老年夫妇居住套型设计（刘靓茹绘制）

一、住户基本情况说明

该户型为三室二厅二卫，套内建筑使用面积约为117.79m²。家中主要居住成员为两位年迈且生活能够自理的退休夫妇，平日在家喜欢晒太阳、做饭、养一些绿植，喜欢闲情逸致的生活。在节假日期间，子孙会来看望两位老年人，在家中小聚，且小住一两天。

二、空间规划设计说明

依据这对老年夫妇的生活状况与爱好进行分析，同时在适老化居住空间设计中结合住户使用情况加以设计细节的考虑。

1. 起居室设计

这栋楼原始户型图中客厅区域存在一定问题，主要是进入客厅区域时，客厅入口处没有玄关，缺少过渡缓冲的空间及缺乏换衣换鞋的功能，同时客厅从进门处一览无余，缺乏必要的私密性。基于此，设计时应考虑在进门区域增加鞋柜，在满足进门换鞋的同时对门厅、客厅两者间进行分隔，在心理上起到一定的遮挡效果。

一天之中老年人一般在起居室待的时间最长，除去睡觉几乎都在起居室度过。老年人喜欢晒太阳且不喜欢吹空调，所以保证起居室的自然采光与通风非常重要。将起居室窗户宽度延伸至2 600mm，保障充足的光照与通风。老年人平日喜欢晒太阳、养绿植，基于此，在起居室区域设置宽敞的阳台空间，以满足老年人的兴趣爱好，如老年人可以在阳台中坐着晒晒太阳、养一些花花草草、呼吸新鲜空气等。

2. 卧室设计

平时家里主要是两位老年人居住，而次卧只需满足居住需求，没有太多的设计要求，面积也不需要太大；主卧的设计中，床设在靠近窗户的位置，同时卧室中采用弹性实木地板，阳光大面积从窗户中洒进来，使卧室变得既明亮又温暖，也由此改善老年人的心情。

3. 厨房设计

厨房操作台台面的高度≥750~800mm范围，台面宽度为600mm，台下净空前后进深不小于250mm；在厨房设计中单独设计服务阳台，用于放置洗衣机及供于老年人储藏杂物的需求。

三、设计方案评析

方案设计平面布置存在一定不合理性，没有充分考虑适老化居室空间的无障碍化需求，客餐厅间通过室内台阶相连，存有室内地坪高差，从空间类型上来看属于错层居室。对于适老化空间而言，错层不利于老年人使用，而且需考虑坡道手法消除地坪高差，应设置栏杆扶手用于老年人倚靠。

第八节　案例 8——大面宽小进深三代同堂套型设计（见图 6-8）

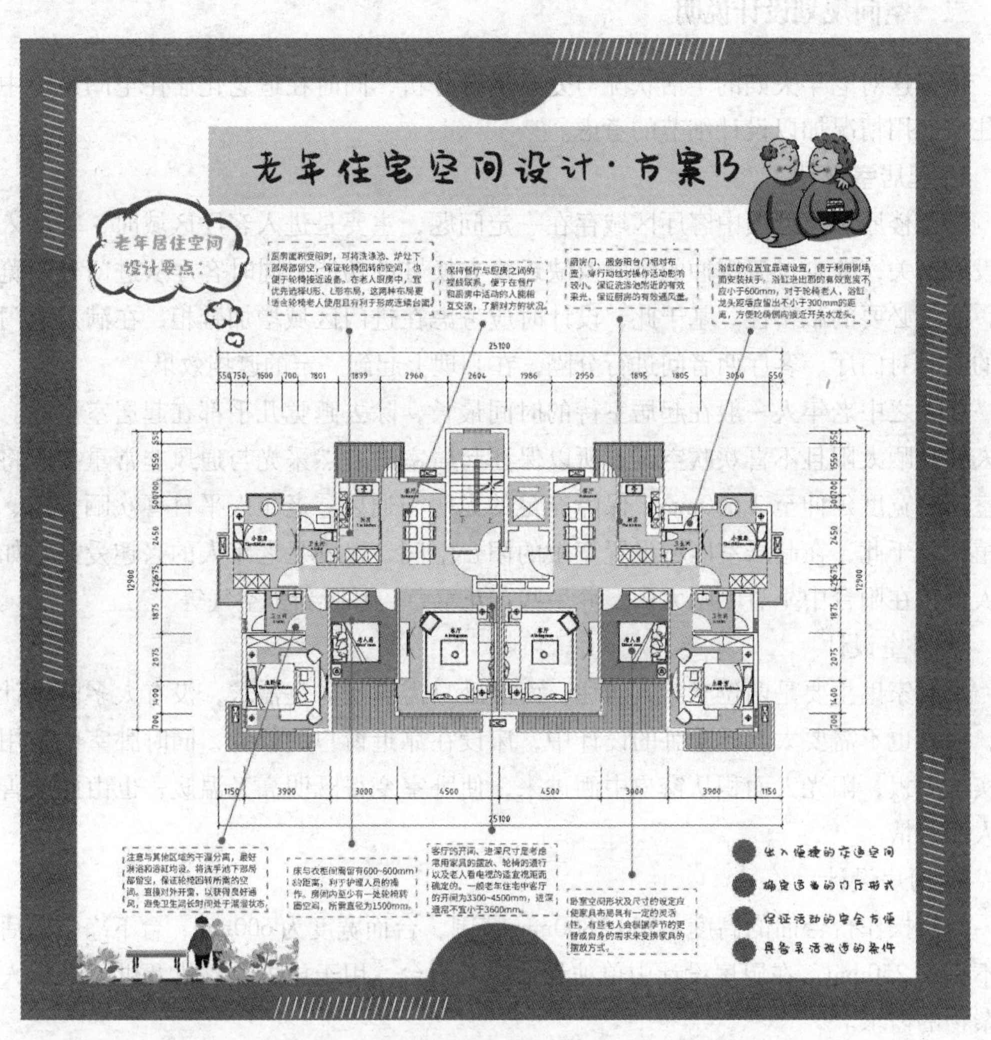

图 6-8　大面宽小进深三代同堂套型设计（王丝丝绘制）

一、住户基本情况说明

本套型为三室两卫一厅，套内建筑面积约为111.50m^2，三代同堂，共五口人居住，即爷爷、奶奶、爸爸、妈妈、女儿。老年人经常买菜做饭，帮家里人洗衣服、做家务。爷爷行动不便，需要轮椅辅助通行。

二、空间规划设计说明

根据老年人在居室内进行的活动，可将住宅套内空间划分为睡眠休息空间、会客娱乐空间、阅读书写空间（多功能房）、餐饮空间、卫生间、贮藏空间和辅助空间，各功能房间互相重复穿插、联系紧密。老年人一天的大部分活动在客厅，所以需要获得充足的日照，使老年人在居室中能够充分享受阳光，因此起居室采用南向布置。方案设计中通过对老年人行为特点、身体尺度以及健康状况的分析，从安全、方便、无障碍等多方面的考虑，对老年人住宅室内的平面布置、各功能空间设计进行了详细阐述和分析。首先，厨房面积受限时，将洗涤池、炉灶下方局部留空，保证轮椅回转的空间，同时便于轮椅接近设备。将玻璃推拉门用作厨房门，保持餐厅与厨房之间的视线联系，便于在餐厅和厨房中活动的人能相互交流，了解对方的状况。其次，卫生间浴缸的位置宜靠墙设置，便于利用侧墙面安装扶手。注意到了与其他区域的干湿分离，将洗手池下方局部留空，保证轮椅回转所需的空间。直接对外开窗，以获得良好的通风效果，避免卫生间长时间处于潮湿状态。再次，卧室朝南适用于老年人居住，有些老年人会根据季节的更替或自身的需求来变换家具的摆放方式，空间形状及尺寸的设定应使家具布局具有一定的灵活性。最后，客厅开间的进深尺寸是考虑常用家具的摆放、轮椅的通行以及老年人看电视的适宜视距而确定的。一般在适老化居住空间中，客厅的开间为3 300~4 500mm，进深通常不宜小于3 600mm。

三、设计方案评析

方案设计亮点在于分析较全面透彻、表达清晰醒目。空间规划设计要点在平面图引线标注处阐释得较为全面，但在平面制图中缺乏有效及全面的设计表达。南向阳台没有很好地与老年人卧室和起居室结合使用，缺乏对阳台空间的设计改造，应提升空间的使用率。如将阳台部分空间并入起居室，可处理成榻榻米的样式，满足收纳与休闲两者并存的功能需求。

第九节　本章小结

本章为全书最后一章，通过对适老化居住空间设计相关课程的教学，挑选出八套优秀学生作业进行展示和评析。学生的作业是在 8 周 64 课时的专业学习基础上完成的，由于学生设计水平参差不齐，在完成作业的过程中存在不足也在所难免。以此列举解析是为避免设计作业中的错误点及不足再次出现在其他学生的设计作业中，也为了引导学生学会客观理性地赏析设计作品，提高学生的设计分析能力和鉴赏能力。本章将在每个作业案例之后给出关于设计作品的设计评论，以供参考。

参考文献

刘月蕊，2000. 浅谈室内软装饰［J］. 东华大学学报（自然科学版），26（3）：127-129.

唐纳德·A. 诺曼，2005. 情感化设计［M］. 付秋芳，程进三，译. 北京：电子工业出版社.

王萍，2005. 以人为本 建设无障碍设施［J］. 社会福利（4）：40-42.

姚栋，2005. 老龄化趋势下特大城市：老人居住问题研究［D］. 上海：同济大学.

陈洪伟，2007. 关于无障碍景观设计的思考［J］. 装饰（8）：59-60.

刘晓，2008. 浅谈室内软装饰［J］. 科技信息（科学教研）（21）：311+334.

柳沙，2009. 设计心理学［M］. 上海：上海人民美术出版社.

王晨光，李秀荣，2010. 满足老年人生理心理需求的室内环境设计研究［J］. 家具与室内装饰（7）：24-25.

王宁，2010. 浅析昆明市人口老龄化趋势与养老服务体系的构建［J］. 新西部（6）：11-12.

崔永梅，祁素萍，2011. 营造和谐空间：浅析环境景观中公共设施的无障碍设计［J］. 艺术与设计（理论），2（1）：114-115.

宣炜，2011. 人口老龄化背景下的公共健身设施通用设计研究［J］. 艺术百家，27（S1）：89-91.

周燕珉，等，2011. 老年住宅［M］. 北京：中国建筑工业出版社.

相丽，陈海明，2012. 无障碍设计与园林景观［J］. 现代园艺（10）：130.

余运英，2012. 应用老年心理学［M］. 北京：中国社会出版社.

秦杨，2013. 基于情感需求的室内环境设计研究［D］. 武汉：武汉理工大学.

徐雨霞，2013. 老年住宅环境中通用设计的研究［D］. 南京：南京林业大学.

王小乐，2014a. 居家养老模式下老年住宅室内设施设计探究［J］. 装饰（2）：84-85.

王小乐，2014b. 居家养老模式下老年住宅室内设施改造设计探究［D］. 天津：南开大学.

周燕珉，2014-06-03. 高层养老设施改造案例学习——美国芝加哥蒙哥马利之家［EB/OL］.［2019-11-20］. http://blog.sina.com.cn/s/blog_6218cf570101socs.html.

周燕珉，等，2015. 住宅精细化设计 II［M］. 北京：中国建筑工业出版社.

戴路易，2016. 软装艺术在老年公寓中的应用［D］. 上海：上海师范大学.

黄婧，2016. 国内外康养环境中建筑空间设计的比较研究［D］. 秦皇岛：燕山大学.

徐四季，2016. 老龄化下德国养老保障制度改革研究［J］. 西北人口，37（5）：9-16.

何芳，2017. 基于老龄化社会的居住空间研究［D］. 天津：天津科技大学.

和武力，2017. 城市社区中“医养结合”下的养老设施建筑设计研究［D］. 西安：西安建筑科技大学.

陈彤，2018. 基于城乡一体化的居家养老服务网络建构研究：以福建为例［J］. 经济界（5）：86-96.

韦峰，吕帅帅，2019. 郑州市光大欧安乐龄老年公寓被动式绿色化改造策略研究［J］. 中外建筑（6）：213-215.

后 记

本书内容最初来源于本书写作团队成员主持的四川省教育厅人文社科重点研究项目“基于四川省老龄社会形态研究的艺术设计创新与实现”（项目编号：14SA0250）、四川省教育厅高校人文社会科学重点研究基地四川景观与游憩研究中心项目“乡村无障碍适老性住区的景观设计研究”（项目编号：JGYQ2017035）、四川省哲学社会科学重点研究基地现代设计与文化研究中心课题“基于场域理论的老年大学空间设计研究”（项目编号：MD18C001）、四川天府老龄产业发展研究中心课题“综合型老年社区模式在涪城养老社区中的创作探讨”（项目编号：TFLLCY1805）等科研项目。依托前期的科研成果和研究，本书编者所在单位西南财经大学天府学院艺术设计学院已经完成了省级民办本科特色专业建设项目——老年设计专业建设的第一个三年建设周期，本书亦可作为众多前期成果的一个阶段性总结。

本书中有诸多理论、原理以及数据图表参考了周燕珉、赵晓征、谭长亮、王小荣等众位前辈导师的理论著作（篇幅所限，详见参考文献目录，在此不一一列举）。可谓是站在巨人的肩膀上远眺，所见也分外清晰明了，在此特别鸣谢。

本书写作团队来自西南财经大学天府学院艺术设计学院，均为奋战在教学一线的具有丰富教学经验的教师。也正是由于本书编者及写作团队多为担任繁重教学任务的一线教师，能力和精力有限，书中难免出现错漏，不足之处还请各位读者见谅并提出意见和建议，我们会再接再厉，改进不足，将来写出更为优秀的著作，以飨读者。

最后，希望本书能为我国逐步走上“快车道”的老年事业添砖加瓦，为后来者提供一份可资借鉴的基础材料。

编者

2020 年 4 月